14歳からのニュートン
超絵解本

JN000490

時間の謎

絵と図でよくわかる

流れゆく過去・現在・未来

はじめに

目をつぶってストップウオッチで10秒ぴったりで止める，
そんな遊びを一度はしたことがあるのではないでしょうか。
意外と時間の感覚はあてにならないものです。

時間は当たり前のように流れていきます。
しかし，時間について考えてみると，さまざまな疑問が浮かびます。
たとえば，なぜ楽しい時間はあっという間に過ぎるのでしょうか。
なぜ時間は過去から未来へと，一方向にしか流れないのでしょうか。
時間にはじまりや終わりはあるのでしょうか。
時間とは，いったい何なのでしょうか。

この本では，心理学や生物学，物理学といった
さまざまな視点から，時間の正体にせまった一冊です。
謎だらけの不思議な「時間」の世界をぜひお楽しみください。

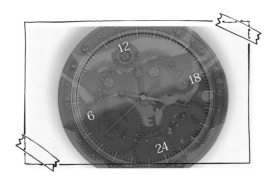

考えれば考えるほど,
時間は不思議!

さまざまな視点から,
時間の謎にせまっていこう

心理学や生物学の視点から時間を考える

時間は謎に満ちています。同じ
1時間を長く感じたり短く感
じたりした経験は，だれにでもある
でしょう。また，おもしろいことに，
脳の情報処理には時間がかかるため，
私たちにとっての「現在」は，実は少
し過去の出来事なのだといいます。

そもそも時間とは何なのでしょう
か。天体のひとめぐりと時間のサイ
クルを同一視した古代の人々にとっ
て，時間とは，「循環するもの」でし
た。イギリスの科学者アイザック・

ニュートン（1642〜1727）は，時間
は，無限の過去から永遠の未来に向
かって流れているものだと主張しま
した。しかしドイツ生まれの科学者
アルバート・アインシュタイン
（1879〜1955）は，時間は立場によ
って"のびちぢみ"するのだと主張
しました。

時間とは，考えれば考えるほど不
思議な存在です。心理学や生物学，物
理学などさまざまな視点から，時間
の謎にせまっていきましょう。

物理学の視点から時間を考える

1

心で感じる 時間

「楽しいとあっという間に時間がたつ」「子供のときより時間が短く感じる」……。だれしも，このような経験があるでしょう。心理的な時間は，時計がきざむ時間とはずいぶんちがった性質をもつようです。まずは，心で感じる時間についてみていきましょう。

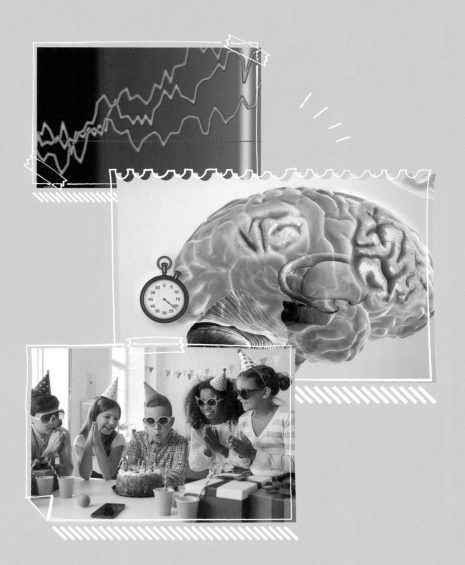

楽しい時間は
あっという間

「心の時計」は一定の
テンポではない

まずは心理学の視点から，時間について考えていきましょう。時間の経過に対する各個人の感じ方を，ここでは「心の時計」とよぶことにします。「楽しいときは短く，つまらないときは長く感じる」と，よくいわれます。これは多くの人が，実際に体験たことがある感覚ではないでしょうか。

心理学の実験では，時計を何度も見るなど時間経過に注意を向ける機会が多いほど，時が長く感じられる傾向にあることがわかっています。これは，時間経過に注意を向けると"心の時計の目盛り"が多くきざまれることになり，経過も長く感じられるのだと説明されています。

逆に，楽しいとき，つまり時間経過に注意が向きにくいほど，時間は短く感じられるわけです。

落下中の体感時間は
どうなる？

楽しい体験をしていると時間を忘れてしまい，気づくと長い時間がたっているものです。高所からのジャンプも人によっては楽しくてしかたのないものかもしれません。一方で多くの人にとっては，高所からのジャンプは恐ろしい体験でしょう。恐ろしい体験をしているときの心の時計は，実時間にくらべて長くなることが報告されています。

大人になると，
時間を短く感じるワケ

子供では「まだ30分?」なのに，
大人では「もう30分?」

子供の時間，大人の時間

写真のように，大人と子供が同じ実時間を
共有していても，子供の体感時間はより長
く，大人の体感時間はより短いようです。

「**大**人になると1年が短く感じられる」と多くの人が実感しています。これは、「年をとるほど、年齢に占める1年の割合が小さくなるから」という説明を聞いたことがあるかもしれません。この説明はもっともらしく聞こえますが、実験にもとづいているわけではありません。

心の時計を遅くする（時間が短く感じられる）要素は、心理学の実験でいくつか確認されています。**たとえば、新しい出来事を体験しにくく**なったり、日常の細部に注意を向けなくなったりすると、時間は短く感じられるといいます。これは、ある期間中に体験した出来事の数を手がかりに、時間の長さを推定しているからだと考えられています。

また、体の代謝（体内でおきるさまざまな化学反応）と、心の時計の進みぐあいには関係があると考えられています。**大人は子供より代謝が落ちているため、1年が短く感じられがちなのかもしれないといいます。**

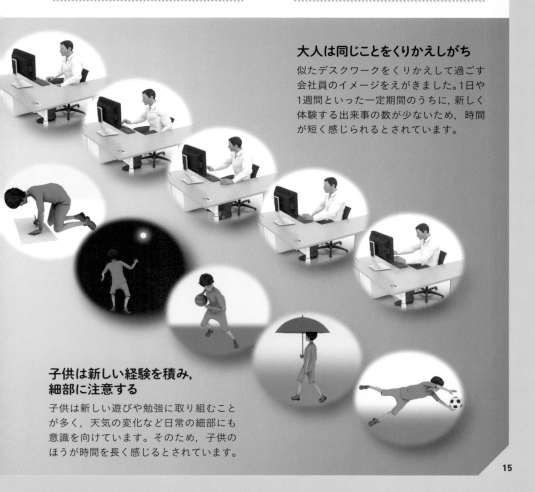

大人は同じことをくりかえしがち

似たデスクワークをくりかえして過ごす会社員のイメージをえがきました。1日や1週間といった一定期間のうちに、新しく体験する出来事の数が少ないため、時間が短く感じられるとされています。

子供は新しい経験を積み、細部に注意する

子供は新しい遊びや勉強に取り組むことが多く、天気の変化など日常の細部にも意識を向けています。そのため、子供のほうが時間を長く感じるとされています。

"心の時計"は、脳のどこではかる?

時間感覚の長さによって、かかわる場所がことなる

私たちの時間の感覚は、どのようにして生まれるのでしょうか。そのメカニズムには複数の説が提唱されています。

脳の視床や大脳などの神経細胞(ニューロン)は、時間経過とともに活動が高まることがあるため、脳の活動状態が一定のレベルになるまでの時間経過をはかっているのではないか、と考えられています。

また、過去の時間感覚は、体験した時点で感じた長さとは必ずしも一致せず、記憶に残る出来事の量などによって変化します。つまり、思いだされる時間は、あとでのびちぢみするのです。交通事故などに遭遇したときに、事故の瞬間をあとからとても長い時間に感じることがあるのは、このためかもしれません。

心の時計のしくみはただ一つではなく、1秒、1時間、1日、1年といったとらえようとする時間の長さによって、ことなるメカニズムがはたらくと考えられているのです。

脳にそなわっている2種類の"心の時計"

時間感覚にかかわる脳の部位を示しました。右大脳半球に示したのは、秒単位までの短めの時間感覚に関係すると考えられている領域や部位です(1)。左大脳半球に示したのは、数分や数時間、数日というやや長めの時間感覚にかかわると考えられている領域です(2)。十数年など長い記憶の場合は、さらに脳の別の部位もかかわると考えられています。

右大脳半球

1. 心の"ストップウォッチ"

短い時間感覚に関係すると考えられている脳の構成部位を示しました。「視床」(黄色の領域)を中継地点とする、「大脳-小脳ループ」と「大脳-大脳基底核ループ」の二つが時間感覚をになっているとされています。

運動のたくみさと学習にかかわる「小脳」

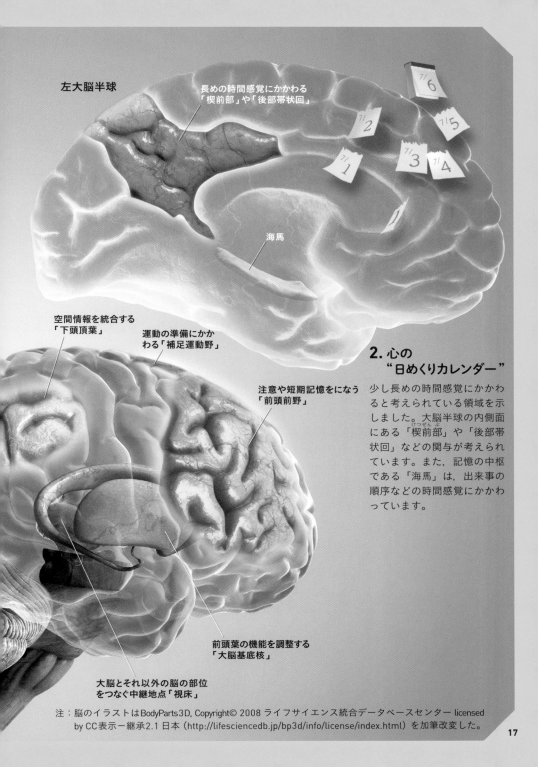

左大脳半球

長めの時間感覚にかかわる
「楔前部」や「後部帯状回」

海馬

空間情報を統合する
「下頭頂葉」

運動の準備にかか
わる「補足運動野」

注意や短期記憶をになう
「前頭前野」

2. 心の "日めくりカレンダー"

少し長めの時間感覚にかかわ
ると考えられている領域を示
しました。大脳半球の内側面
にある「楔前部」や「後部帯
状回」などの関与が考えられ
ています。また，記憶の中枢
である「海馬」は，出来事の
順序などの時間感覚にかかわ
っています。

前頭葉の機能を調整する
「大脳基底核」

大脳とそれ以外の脳の部位
をつなぐ中継地点「視床」

注：脳のイラストはBodyParts3D, Copyright© 2008 ライフサイエンス統合データベースセンター licensed
by CC表示－継承2.1 日本（http://lifesciencedb.jp/bp3d/info/license/index.html）を加筆改変した。

コーヒーブレーク

恐怖を感じると,スローモーションにみえる

恐怖を感じた場合,「まだそれだけしかたっていないの?」というぐあいに,時間を長く感じるといいます。**恐怖を感じていると,視覚の情報処理が速くなってまわりがスローモーションにみえる(この現象は「タキサイキア」とよばれます)とともに,心の時計の進みも速くなって,実際の時間の進み方に対してずれが生じるからだと考えられています。**

この現象を確かめるため,高い場所から落下するアトラクションを体験し,落下時間がどれくらいの長さだと感じたかを調べた実験があります(右のイラスト)。

アメリカ,ベイラー医科大学の研究グループの報告によると,参加者19人の平均で,他人の落下をながめて評価した時間より,自分が落下したときに感じる時間は約36%長く評価されたそうです。

1. 他人の落下時間を評価

実験に使われたアトラクションは,命綱などはつけず背中から31メートル下のネットまで落下するというものです。実験の参加者は,他人の落下を見て,落下時間を評価しました。その平均値は2.17秒でした。なお,時計ではかった実時間は2.49秒でした。

2.17秒

ネット

2. 自分の落下時間を
   評価

参加者は，自身でもアトラクションを体験し，落下後に自分の落下時間を評価しました。その平均値は2.96秒で，実時間や，他人の落下を評価した時間とくらべて，確かに長くなることがわかりました。

2.96秒

私たちが感じる"今"はすでに過去

五感の情報処理には少し時間がかかる

意識にのぼる「今」と脳の情報処理

目の前の光景として認識されている「今」は，実は少しだけ過去の出来事です。

今あなたはこのページを読みはじめました。しかし，実はあなたが意識する「今」は，わずかに過去の出来事です。ほんとうは，あなたが思うよりも 0.1 秒以上早く，あなたの目はこの文を読みはじめたはずなのです。

このようなことがおきるのは，私たちが五感の情報を認識するまでに必ず時間がかかるためです。五感の刺激は神経細胞を通じて脳に送られ，脳でさまざまな情報処理を経たあと，あなたの意識にのぼります。視覚の情報が認識されるまでには，環境にもよりますが，約 0.1 秒かかります。同じように，音も，触感も，耳や手で感知されてから認識されるまでに時間がかかることがわかっています。

私たちは，自分の意識のうえで物事を決め，実行していると考えていますが，実はそうではないようです。**意識は「決定者」というよりは，むしろ，会議の結果の「記録係」のような存在なのかもしれません。**

脳の中での情報
処理のイメージ

神経細胞

脳

手拍子のタイミングがそろうのはなぜか

"遅れ"は全員に共通に
発生するため, そろう

私たちが意識する「今」が, 0.1秒ほど過去の出来事だということは, 陸上選手がゴール目前で気力をふりしぼっていると思っているとき, 陸上選手の体はすでに数メートル先のゴールに到達している可能性があります。

私たちの意識は, 先に進むほんとうの現在の自分をつねに追いかけているのです。それにもかかわらず, 意識のうえでの「今」をほんとうの現在だと誤解しているわけです。

では, ほかの人といっしょに手拍子するとき, どうやって周囲の人とタイミングを合わせているのでしょうか。私たちが思う「今」が, 0.1秒だけ現在から遅れているなら, 手拍子はばらばらになってしまいそうに思えます。

仮説の一つとして, 次のように考えることができます。ある人が「せーの!」と合図をしたとき, 周囲の人はその合図をそれぞれ同じくらい遅れて認識します。また, 合図した本人も, 自分の声を遅れて認識します。**結局, みんな現在から同じくらい遅れて認識するので, それぞれの人の意識のうえでは, 時間軸のずれはなく, 調子を合わせることができることになるというのです。**

実は,「ゴール間際で全力疾走している」と思っている陸上選手はすでにゴールテープを切っています。同様に野球で,「ボールがうまく当たった!」と思った瞬間のバッターはすでにボールを打ちかえしています。陸上選手や野球選手が感じる生々しい「今」の状況は,実は少し過去なのです。

みんなで手拍子をするとき,ある人の合図を周囲の人はそれぞれ同じくらい遅れて認識します。合図をした本人も,自分の声を同じくらい遅れて認識するので,手拍子を合わせることができると考えられます。

『音』と『光』のずれを感じないのはなぜか

「同時」と感じるかどうかは,
脳のはたらき次第

明るい環境と暗い環境では,「同時」とされるタイミングが変化する

明るい環境　　　　　　　　　　　　　暗い環境

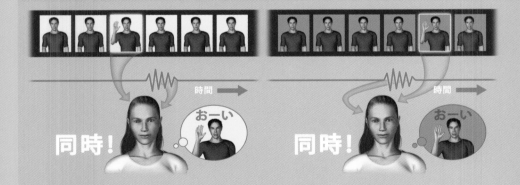

イラスト上段の男性の連続画像と波形は,光と音がそれぞれ,被験者である女性の脳で,どのタイミングで処理されたかを示したものです。イラストの左のように,音の情報より光の情報のほうが早く処理されたとしましょう。それでも女性の脳では,光と音（男性の手をあげる動作と声）が同時と判断され,同時として意識にのぼりました。一方,イラストの右のように暗い環境の光の情報は,処理に時間がかかります。この場合,音のほうが,暗い光の情報より先に処理されましたが,この場合も同時に感じられます。脳では,環境が変わるたびに,何秒ずらして同時とみなすかについて微調整を行っているのです。

私たちが何かを認識するまでにかかる時間は，光，音，触覚などですべてことなります。たとえば，目の前で同時に光と音が生じたとき，光には0.17秒後に，音には0.13秒後に反応したという実験結果があります。

ただし，同じ出来事に由来する音と光の場合は，同時として感じられやすいです。**これは，ことなるタイミングで得られた二つの情報であっ**ても，脳が同じ出来事ととらえるからです。ただし，光や音を認識するまでにかかる時間は，環境によってのびちぢみします。そのため，脳は，「何秒ずらすか」をつねに調整しつづけています。

私たちが身のまわりの出来事を見聞きするとき，そこには「どの光と音を結びつけるか＝何を同時とみなせばよいか」という脳の判断がつねにはたらいているのです。

脳は勘ちがいもする

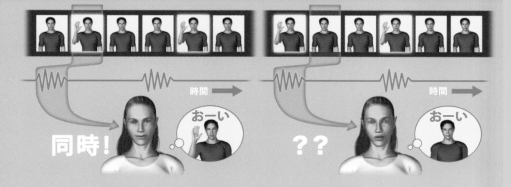

ずれたタイミングで処理されても「同時」と感じる

処理のタイミングはぴったりなのに「同時」と感じない

音と光を同時に出すと，音が光より約0.04秒先行して処理されたとします。しかし脳がそのずれを編集するため，被験者の女性には同時と感じられます。この状況を数分間にわたってくりかえすと，女性の脳は「今の環境では，音，光の順番で0.04秒差でつなげば同時になる」という"癖"を一時的にもつようになります（イラストの左）。次に，先ほどよりも音を0.04秒遅く出します。これで女性の脳での情報処理のタイミングは同時になるはずです。しかし先ほどの"癖"の影響により，女性には音と光がずれていると感じられるのです（イラスト右）。

サッカーの誤審は，未来が見えるせい？

だれにでもおきやすいフラッシュラグ効果

動いているものが，実際とはちがう位置に見えてしまうことがあります。

　右のイラストは，それを示す実験結果です。まず，被験者にディスプレイ上をすばやく横切る球の映像を見せます。球が画面のちょうど中央に来たときに，その真下に矢印を一瞬表示します。そして，被験者に矢印が出たときの球の位置を聞きます。すると，「球は矢印を通り過ぎた位置にあった」と答えます。この現象は「フラッシュラグ効果」とよばれています。

　この現象は，サッカーの誤審の一因になっていると考えられています。サッカーの「オフサイド判定」では，審判（線審）は，パスが出された瞬間に，ゴール近くの，攻撃しているチームの選手と，守っているチームの選手の位置関係を見極める必要があります。このとき，審判の目は，フラッシュラグ効果がおきやすい状況にあります。走りこんでいる攻撃側のほうが，実際よりもゴールラインに近づいているように見えてしまうのです。

　このようなフラッシュラグ効果による誤審は錯覚が原因であるため，訓練によって誤審がおきないようにすることはむずかしいといいます。

オフサイドの誤審は，フラッシュラグ効果のせい？

サッカーのオフサイドは，パスが出された瞬間に，攻めているチームの選手のほうがゴールラインに近い場合に反則になるというものです。ゴールに向かって走りこむ選手は，フラッシュラグ効果により，パスが出た瞬間，実際よりもゴールに近づいて見えます。その結果，審判は誤って反則をとってしまう場合があるのです。

フラッシュラグ効果

ディスプレイに，すばやく横切る球を表示します。球が中央に来た瞬間だけ，真下に矢印を表示します。被験者に「矢印が出たとき球はどこにあったか」と聞くと，「矢印の右にあった」と答えます。これは，球が周囲にくらべて未来に進んで見えるためにおこることです。

1

2

3

4

5

被験者

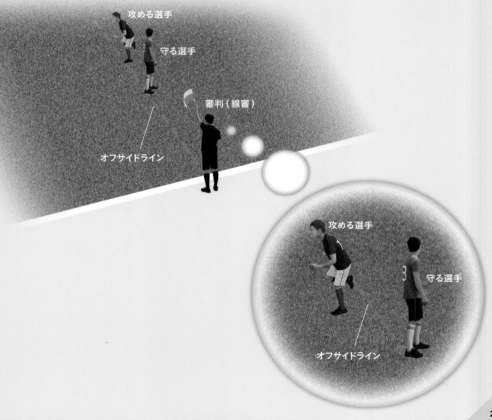

攻める選手

守る選手

審判（線審）

オフサイドライン

攻める選手

守る選手

オフサイドライン

出来事の順番が入れかわる不思議な実験

脳は「時間の流れ」を編集している

今度は，出来事の順番が入れかわっているように感じられる不思議な実験を紹介しましょう。

実験Aでは，まず，画面の左に「1」と一瞬表示し，その0.01秒後，右に「2」と表示します。この場合，被験者は「1，2の順に見えた」と正しく報告します。実験Bでは，最初に画面の右側を一瞬光らせます。そして，0.1秒後に，先ほどと同じように左側に「1」，その0.01秒後，右側に「2」を表示します。すると被験者は，実際の順番とは逆に，「2，1の順に見えた」と報告するのです。

私たちの脳は，五感を通じて流れこむさまざまな情報を積極的に編集し，ときにはまちがいながらも，つじつまが合うように時間の流れをつくりだしています。このように聞くと少し不安になるかもしれませんが，もし，脳での編集を経ずに，そのままのタイミングで光や音を認識していたら，何がおきているのかわからなくなってしまうでしょう。

出来事の順番が入れかわる！

実験Aでは，被験者は出来事の順番を誤ることなく答えられます。実験Bでは，最初に画面の右側を一瞬光らせます。これにより，被験者はその場所に注意を引きつけられます。すると，画面の右側だけ，周囲よりも早く認識できるようになります。そのため，あとから表示されたはずの「2」が，「1」よりも先に認識され，被験者の意識には「2→1」と表示されたように見えたと考えられます。

知覚のタイムマシン（実験）

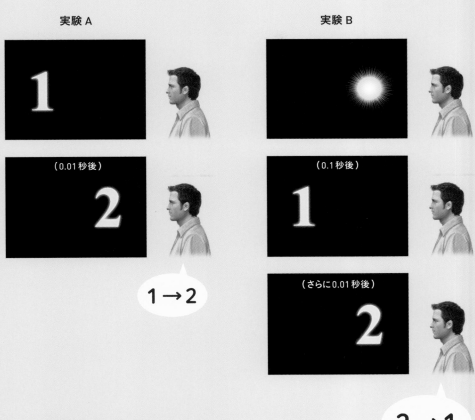

実験 A

（0.01秒後）

1→2

実験 B

（0.1秒後）

（さらに0.01秒後）

2→1

何の役に立っている?

この実験で確かめられる脳の情報処理のしくみは，私たちが生きていくうえで，どのような役に立っているのでしょうか。文明を築く前の人類が過酷な自然環境の中で生きている状況を想像してみてください。周囲でおきている出来事のうち，捕食者のあやしい影など，重要なことについては一刻も早く知る必要があります。脳の限られた能力で，重要な情報が早く得られるこのしくみは，生き残るうえでは理にかなっているといえるでしょう。

コーヒーブレーク

決意の瞬間。
それは
ほんとうに今か

カリフォルニア大学で1980年代に興味深い実験が行われました。被験者は，自分自身の自由なタイミングで指（または手首）を動かし，その前後の脳活動の状況を記録します。被験者がみずからの意志で指を動かそうと思った時刻（**1**）と，脳で運動の指令信号が発生した時刻（**2**），そして実際に指が動いた時刻（**3**）を測定した場合，これらはどのような順番となるでしょうか。

直感的には，このままの順番になりそうです。しかし実験結果は，2→1→3の順番でした。被験者本人が指を動かそうと決定するよりも以前に，脳は，指を動かす準備をはじめていたというのです。

この問題は，脳科学者の間でも大論争になりましたが，同様の実験結果はたくさん報告されており，私たちが行動する前に，無意識的に脳が活動する場合があることは事実のようです。「私は今，自分の意志で行動している」という実感は，もしかしたら，うまくつくられた幻想なのかもしれません。

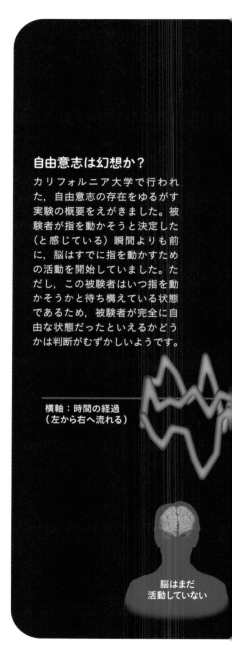

自由意志は幻想か？

カリフォルニア大学で行われた，自由意志の存在をゆるがす実験の概要をえがきました。被験者が指を動かそうと決定した（と感じている）瞬間よりも前に，脳はすでに指を動かすための活動を開始していました。ただし，この被験者はいつ指を動かそうかと待ち構えている状態であるため，被験者が完全に自由な状態だったといえるかどうかは判断がむずかしいようです。

横軸：時間の経過
（左から右へ流れる）

脳はまだ
活動していない

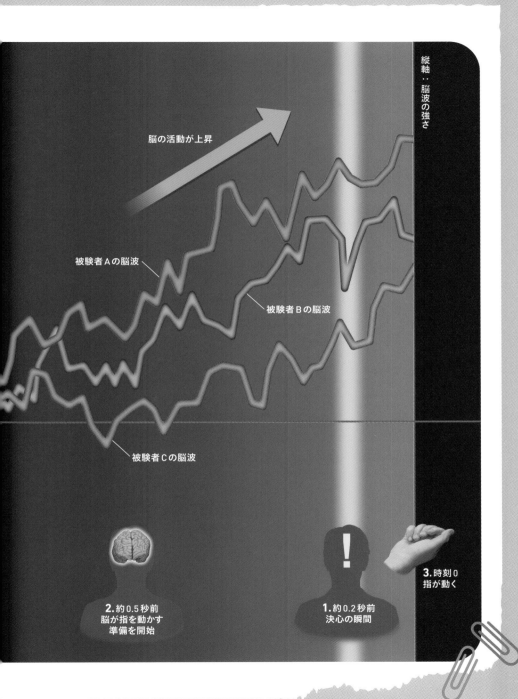

縦軸：脳波の強さ

脳の活動が上昇

被験者Aの脳波

被験者Bの脳波

被験者Cの脳波

2. 約0.5秒前
脳が指を動かす
準備を開始

1. 約0.2秒前
決心の瞬間

3. 時刻0
指が動く

2

体が決める時間

睡眠のリズムなど，私たちの体には一定の周期でまわるような「体内時計」がはたらいています。私たちの体は，どのようにして時間を“はかって”いるのでしょうか？体の時間を決める巧妙なしくみを紹介していきます。

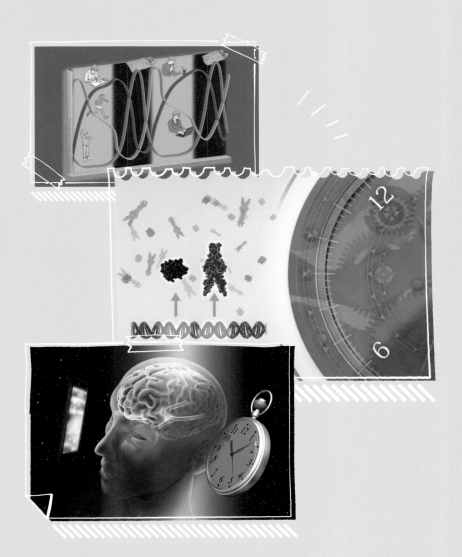

ヒトの体がもつ，約24時間のリズム

私たちは「体内時計」にしたがって生活している

私たちは，日が昇ると目覚めて活動をはじめ，夜になると眠くなります。また，1日のうちに体温や血圧がゆっくり増減します。時間の進みに応じて，睡眠または覚醒をうながすホルモンが分泌されるなどの変化もおきます。**これらのさまざまな体の変化を裏で支配しているリズムのことを，生物学や医学では「体内時計」とよんでいます。**

現在では，ヒトの体内時計には平均で約24.2時間（約24時間12分）の周期があるとされ，これは「概日リズム」とよばれています。また，周期の長さには遺伝的な個人差があり，人によって前後20分は差があるといわれています。つまり，周期が24時間より長い人も短い人もいるわけです。

ただし，いずれにしても体内時計の周期は，地球の自転周期である1日とおおよそ連動しています。

昼間

高い

ふえる（覚醒へ）

徐々に高くなる

低い

12時

今の時刻，体内時計の状態は？

下のグラフのうち，赤色は深部の体温をあらわしています。青色は眠りに誘う「メラトニン」，緑色は覚醒に関係する「コルチゾール」というホルモン物質の量（血中濃度）を示しています。これらは，約24時間の周期で変化しています。

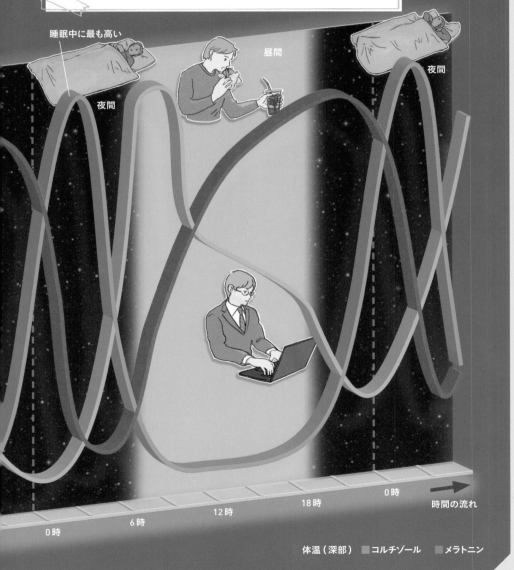

睡眠中に最も高い

夜間

昼間

夜間

0時

6時

12時

18時

0時

時間の流れ

0時

体温（深部）　■コルチゾール　■メラトニン

『時をきざむ分子』が存在する！

細胞一つ一つに，体内時計のしくみがある

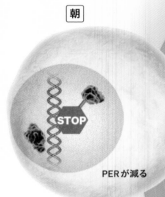

朝

PERが減る

18 世紀に，「オジギソウ」という植物が体内時計をもっていることがわかって以降，さまざまな動植物に体内時計があることが明らかになりました。しかし，体内時計の実体がどのようなものかは，長い間，謎に包まれていました。

　研究が大きな進展をみせたのは，1971年のことです。体内時計の乱れたショウジョウバエを複数つくって調べたところ，いずれも同一のDNA領域（遺伝子）に異常がみつかりました。**つまり体内時計には遺伝子がかかわっていたわけです。**この遺伝子は「*Period*」（周期の意）と名づけられました。

　1984年には，アメリカのジェフリー・ホール博士とマイケル・ロスバッシュ博士，マイケル・ヤング博士によってこの遺伝子からできる「PERタンパク質」が，細胞内で24時間周期のリズムで増減していることがつきとめられました。**この増減をくりかえすことが，体内時計の基本的なしくみです。**

体内時計の基本メカニズム

細胞内では，昼から夜にかけて*Period*遺伝子からPERタンパク質が合成されます。やがて細胞内にたまったPERは，核の中の*Period*遺伝子に作用して，自身の合成を邪魔します。すると夜から昼にかけて，PERは自然に分解されて減少していきます。そうして細胞内のPERが減ると，PERの合成がふたたび活発になります。このようにしてPERの量が1日周期のリズムをきざんでいるのです。

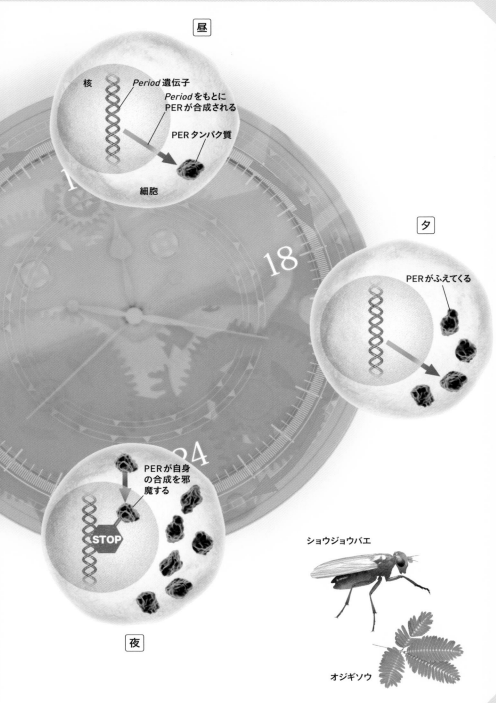

昼

核　　*Period* 遺伝子

Period をもとに
PER が合成される

PER タンパク質

細胞

18

夕

PER がふえてくる

PER が自身
の合成を邪
魔する

STOP

夜

ショウジョウバエ

オジギソウ

24時間で増減する分子の不思議

第二・第三の時計遺伝子がリズムをつくる

体内時計の正体であるPERタンパク質の24時間周期の濃度変化は，どのようなしくみで生まれているのでしょうか。

ホール博士とロスバッシュ博士は，PERタンパク質には，*Period*遺伝子に作用して自分自身の合成を阻害するはたらきがあると考えました。

また，ヤング博士は1994年に，概日リズムが乱れたショウジョウバエの研究から「*Timeless*」という二つ目の時計遺伝子を発見し，1998年には，「*Doubletime*」という三つ目の遺伝子も発見しました。そして，それらの遺伝子がつくりだすタンパク質に，PERタンパク質が細胞内に蓄積するのを早めたり遅らせたりするはたらきがあることをつきとめました。

このように，ホール博士，ロスバッシュ博士，ヤング博士は多くの生物に共通した体内時計のメカニズムの根幹を明らかにしました。この成果により，3人には，2017年にノーベル医学・生理学賞が贈られました。

CLKタンパク質

遺伝子をはたらかせる "スイッチ"

1. 朝から昼間

朝から昼間にかけて，*Clock*と*Cycle*と名づけられた遺伝子の情報にもとづいて，「CLK」と「CYC」という時計の二つの部品（タンパク質）がつくられていきます。CYCはヒトでは「BMAL1」とよばれます。

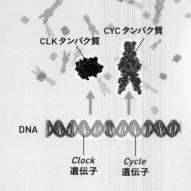

CLKタンパク質

CYCタンパク質

DNA

Clock
遺伝子

Cycle
遺伝子

周期的な物質の増減が，細胞内で時をきざむ

体内時計のしくみがよくわかっているハエを例に，体内時計の主要な5種類の"部品"のはたらきをえがきました（**1～4**）。部品「PER」と「TIM」の量は，約24時間で増減をくりかえし，その増減に残りの部品も関与します。現在では，20種類以上の部品があることがわかっています。

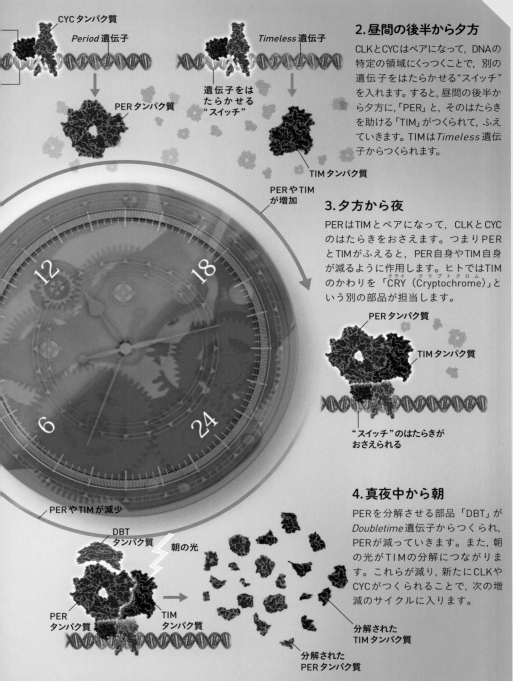

CYC タンパク質

Period 遺伝子

PER タンパク質

Timeless 遺伝子

遺伝子をは
たらかせる
"スイッチ"

TIM タンパク質

PER や TIM
が増加

2.昼間の後半から夕方

CLK と CYC はペアになって，DNA の
特定の領域にくっつくことで，別の
遺伝子をはたらかせる"スイッチ"
を入れます。すると，昼間の後半か
ら夕方に，「PER」と，そのはたらき
を助ける「TIM」がつくられて，ふえ
ていきます。TIM は *Timeless* 遺伝
子からつくられます。

3.夕方から夜

PER は TIM とペアになって，CLK と CYC
のはたらきをおさえます。つまり PER
と TIM がふえると，PER 自身や TIM 自身
が減るように作用します。ヒトでは TIM
のかわりを「CRY（Cryptochrome）」と
いう別の部品が担当します。

PER タンパク質

TIM タンパク質

"スイッチ"のはたらきが
おさえられる

4.真夜中から朝

PER を分解させる部品「DBT」が
Doubletime 遺伝子からつくられ，
PER が減っていきます。また，朝
の光が TIM の分解につながりま
す。これらが減り，新たに CLK や
CYC がつくられることで，次の増
減のサイクルに入ります。

PER や TIM が減少

DBT
タンパク質

朝の光

PER
タンパク質

TIM
タンパク質

分解された
TIM タンパク質

分解された
PER タンパク質

注：CLK，CYC，PER のイラストは，
　　それぞれ PDB ID: 5F5Y，5EYO，3RTY をもとに作成しました。それぞれの形は模式的なものです。

夜のスマホや
飲食にご用心

**現代人の夜型生活は
体内時計の乱れを招く**

全 身の細胞には，それぞれに体内時計が組みこまれています。これを「末梢時計」といい，そのはたらきによって，臓器や組織ごとに必要なリズムが保たれています。

　これに対して，両目の奥の脳の部位にある「中枢時計」は，全身の末梢時計の"指揮者"にたとえられます。**中枢時計は，自律神経や全身に送るホルモンを通じて，末梢時計の時刻合わせを行っています。**

　体内時計の周期は，基本的には強固なものです。しかし目から入る光の刺激は，時間帯によって，中枢時計を進めたり遅らせたりします。**朝に陽の光を浴びなかったり，夜にスマートフォンの画面などを見つづけていたりすると，体内時計が昼夜のリズムに対して遅れていってしまいます。**

　また，朝食をきちんと食べたり，夜10時以降の食事をさけたりすることも，体内時計を正常に保つために必要だといいます。

スマホの画面

夜に見つづけると，中枢時計を遅らせてしまいます。

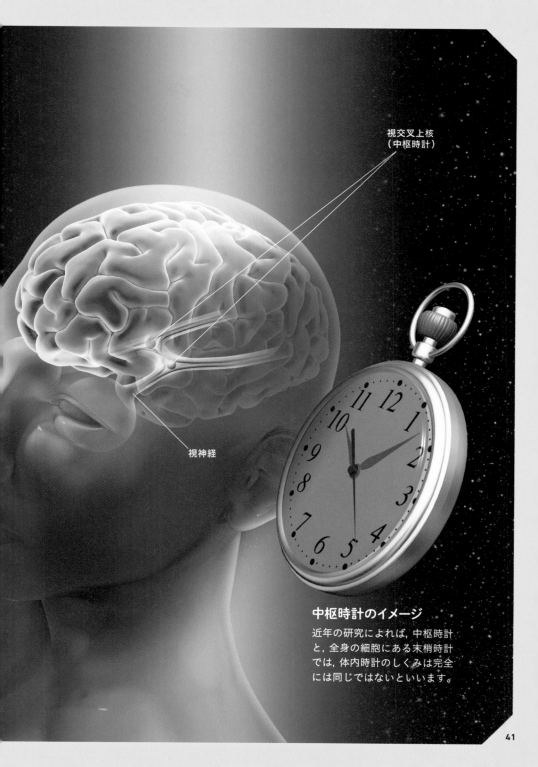

視交叉上核
（中枢時計）

視神経

中枢時計のイメージ

近年の研究によれば，中枢時計と，全身の細胞にある末梢時計では，体内時計のしくみは完全には同じではないといいます。

体内時計に合わせて作業時間を選ぼう

計画を立てるのは午前中, 覚えるのは午後がおすすめ

勉強や仕事を効率的に行うには, 体内時計をもとに行うのがよいでしょう。**私たちの体は, 夕方から夜にかけて代謝がさかんになり, 体温が高くなるので, 体を使った作業, そして短期記憶の成績が最もよくなることが実験で確かめられています。**短期記憶とは, 電話番号やパスワードなど, 数時間覚えていられるような短い記憶のことです。

一方, 本を読んだり, 企画や今後の計画・見通しを立てたりするなど, **理解力や判断力を必要とする作業は, 午前中など比較的早い時間帯に行ったほうが高い成績を上げられます。**

たとえば, 今後の計画を立てる作業などは午前中にやってしまい, はじめて会う人と打ち合わせをするなど, 会話の中で一時的に名前などを覚えておかなければならない仕事は午後に行う, というふうに1日のスケジュールを立てれば, 体内時計に合った効率的な時間の使い方ができるようです。

効率的な作業は体内時計に合わせて

私たちは, 約24時間周期の体内時計をもっています。体内時計に沿って, 私たちの1日の体の状態は変化しているので, 作業の効率は, この体内時計の影響を大きく受けます。たとえば, 朝早い時間帯は, 体を動かしたり, 何かを記憶したりする作業には向かず, 読書など理解力を必要とする作業が比較的向いていると考えられています。

昼寝は集中力を回復させる

昼寝は12時間周期の体内時計が要求するもの

　私たちの体内時計は，24時間周期で動くもののほかに，12時間周期で動くものもあります。**12時間周期の体内時計にしたがうと，眠気が14時くらいに訪れます。**眠気を感じている状態では集中力が保てないため，30分ほど仮眠をとると集中力を回復できます。ただし，30分程度の睡眠では，記憶を定着させるには不十分です。かといってあまり長く昼寝をすると，夜に眠れなくなってしまいます。**昼寝は，あくまで昼間の眠気や疲労をとって，集中力を回復させるためのものです。**

　実際には，勉強や仕事中に眠気や疲れを感じると，早く終わらせようとして，作業をつづけてしまう人もいるでしょう。そういう人は，「自分が無理をしてしまうタイプ」であり，「無理して作業をつづけると効率が悪い」と，自分を高い位置から見下ろすように，客観的に分析してみるとよいでしょう。それによって，自分の行動を冷静に効率的な行動へと改めていくことができるのです。

部屋の整理整頓も，集中力を保つ助けとなる

効率的な作業を行うための方策として，昼寝が効果的ですが，一度上げた集中力を保つことも大切なことです。そのため，集中力を途切れさせない環境をつくる努力も欠かせません。注意が向いてしまいそうなインターネットや来客，電話の遮断，そして一見関係のなさそうな部屋の整理整頓などは，集中力を保つ助けとなります。

人にはそれぞれ 心地よいテンポがある

しゃべるスピード，歩く速さなど，
精神テンポは子供のころに決まる

自分のペースは，子供のころに定着して変わらない

人にはそれぞれ，作業にかける心地よいペース「精神テンポ」があり，それは
子供のころに定着します。一度定着すると，そのペースは生涯つづき，あまり
変化しないといわれています。つまり，子供のころにのんびりしていた人が，
大人になってすばやいふるまいをみせるといったことはないようです。

子供のころ，登校，給食，着がえなど決められた時間内に行動することがふえ，とまどった人もいるかもしれません。同じことでも，早くやり終える子もいれば，やり終えるのに時間がかかる子もいるでしょう。実は，話の間合い，歩くときのスピードなど，動きの速さには個人差があることがわかっています。**それらは「精神テンポ（メンタルテンポ）」とよばれています。**

精神テンポは，遺伝の要素と環境の要素で決まると考えられており，子供のころに定着して，高齢になるまであまり変わることはないといいます。**精神テンポは，その人にとって心地よいペースでもあるため，精神テンポからずれたペースで作業をすることは，ストレスを生み，ときには病気の原因にもなりうることが指摘されています。**

現代社会は，作業効率を平均的によくするために「時計の時間」に合わせて動きます。しかし，一人一人の健康や作業効率を考えると，もっと個人個人の精神テンポを重視した時間の使い方を取り入れたほうがよいのかもしれません。

体内時計は
ライフスタイルで変わる？

環境適応が体内時計に
影響をあたえる可能性もある

ライフスタイルの変化は体内時計を変化させるのか

進化の早い段階から，体内時計は存在していたようです。しかし，北極圏のトナカイのように，暮らす環境によって体内時計が消滅する例も報告されています。今から150年ほど前，照明の普及とともに，人間は昼も夜も関係ない生活ができるようになりましたが，このライフスタイルの変化は，今後人間の体内時計を大きく変化させたり，消滅させたりする可能性があるのでしょうか。

生活習慣について，「朝型」「夜型」とよくいいます。朝型は早寝早起きタイプ，夜型は遅寝遅起きタイプです。

　最近の研究で，このタイプのちがいは，遺伝子レベルで決まっていることがわかってきました。朝型の人は，体内時計の周期が24時間より少し短く，夜型の人は少し長くなっています。**最近では，朝型の人は朝型のまま，夜型の人は夜型のままで生活をしたほうがよいという考え方も出てきています。**

　夜遅い時間まで，スマートフォンやパソコンの光を浴びて作業する生活にすっかり慣らされてきた現代人の体内時計が，大きく変化することはありうるのでしょうか。

　今から150年ほど前，照明が普及したおかげで，人々は昼も夜も関係なく作業ができるようになりました。**しかし，今日に至るまで，人間の体内時計が大きく変化しているという報告はありません。**ただし，生物の環境適応という面では，人間の体内時計が大きく変化する可能性もゼロではないようです。

時差ぼけは
なぜおこるのか

海外旅行に行き,「時差ぼけ」を経験したことがある人もいるでしょう。

腎臓の近くにある副腎皮質は,「コルチゾール」というホルモン(血液中などへ分泌され,別の細胞にはたらきかける物質)を分泌しています。コルチゾールは,昼間に活発にはたらく「交感神経」を刺激します。通常の生活をしている場合,起床の少し前,午前4時ごろにコルチゾールの分泌量が最大になり,休んでいた体を活動状態にもどす準備が進められます。

では,たとえば時差が9時間であるイギリスへ行ったとして考えてみましょう。**コルチゾールが分泌されるタイミングは,しばらくの期間は日本にいるときと同じです。**つまり,現地時間の19時ごろ,夜になったというのに,体の中では起きてからの活動に向けて準備が進められていることになります。このため眠れないのです。逆に,昼間には眠くなります。

時差ぼけは,体内時計の時刻と,外部環境の時刻がずれたときにおきます。**なお,朝に光を浴びることで体内時計がリセットされるため,2週間ほどでなおります。**

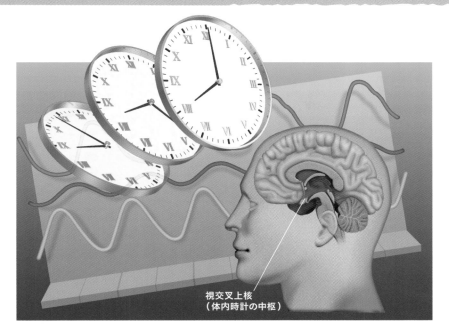

視交叉上核
（体内時計の中枢）

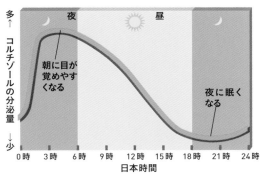

多
↑
コルチゾールの分泌量
↓
少

夜　　　　　昼　　　　　　夜

朝に目が
覚めやす
くなる

夜に眠く
なる

0時　3時　6時　9時　12時　15時　18時　21時　24時

日本時間

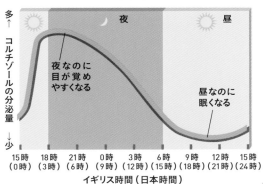

多
↑
コルチゾールの分泌量
↓
少

夜　　　　　　　昼

夜なのに
目が覚め
やすくなる

昼なのに
眠くなる

15時　18時　21時　0時　3時　6時　9時　12時　15時
（0時）（3時）（6時）（9時）（12時）（15時）（18時）（21時）（24時）

イギリス時間（日本時間）

時差ぼけがおきるしくみ

グラフは，コルチゾールが分泌
される時間帯について，日本で
生活している場合と，イギリス
に行った直後の状態を比較し
てえがいたものです。

なお，時差ぼけには，コルチ
ゾール以外にも，複数のホルモ
ンが関係しています。

3

時間の正体を
考えよう

時間は，過去から未来へと，ひたすら流れ
ていきます。人々は天体の動きや振り子の
振動などを使って時間をはかってきました。
2500年以上も前から探究されている時間。
時間とはいったい何でしょうか。3章から
は，物理的な視点で時間をみていきます。

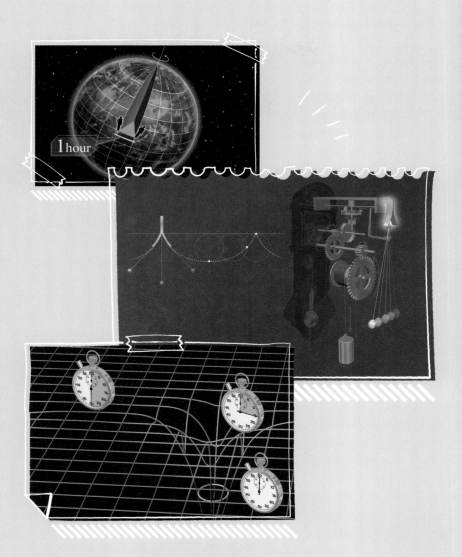

1hour

2500年以上つづく問い「時間とは何か」

現代物理学の最前線でも探究がつづいている

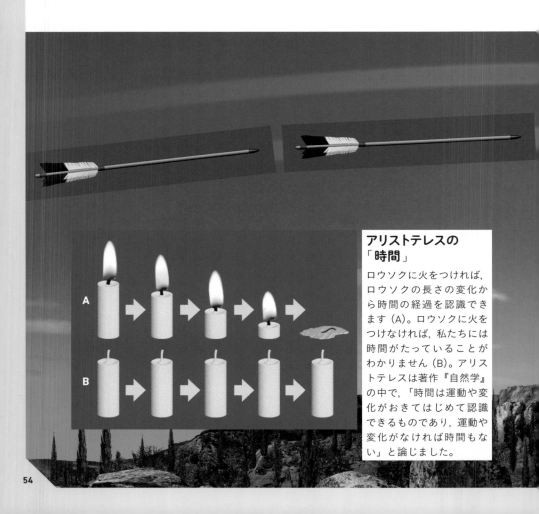

アリストテレスの「時間」

ロウソクに火をつければ，ロウソクの長さの変化から時間の経過を認識できます（A）。ロウソクに火をつけなければ，私たちには時間がたっていることがわかりません（B）。アリストテレスは著作『自然学』の中で，「時間は運動や変化がおきてはじめて認識できるものであり，運動や変化がなければ時間もない」と論じました。

紀 元前4世紀の古代ギリシャの哲学者アリストテレス（前384～前322）は、「時間は、運動の前後における数である」と論じました。アリストテレスのいう運動とは、物事の変化のことです。そして、その変化の数（尺度）が時間である、と考えたのです。

紀元前5世紀の哲学者ゼノン（前490ごろ～前430ごろ）は、「飛ぶ矢は、一瞬一瞬では静止している。静止している矢をいくら集めても、矢は飛ばない」というパラドックス（逆理）を示しました。現実には矢は飛ぶのですから、この論理には欠陥があるはずです。

実は、これは時間に関する重大な問題を含んでいます。**時間を無限に短くきざんだものが「一瞬」だとして、時間を無限に短くきざむことはほんとうに可能なのか、というものです。**こうした問題は、現代物理学の最前線で、今まさに論じられているテーマです。

飛ぶ矢

一瞬一瞬で静止している矢

飛ぶ矢は飛ばない？（ゼノンのパラドックス）

一瞬をとらえれば静止しているといえる飛ぶ矢は、飛ぶことができないのでしょうか？　この「飛ぶ矢のパラドックス」は、「ゼノンのパラドックス」として知られる四つの問題のうちの一つです。

古代の時計は天体の動きを参考にした

1時間の長さは，季節によってちがっていた

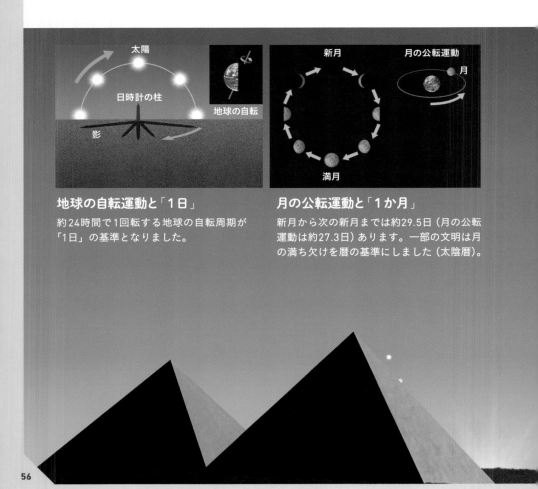

地球の自転運動と「1日」

約24時間で1回転する地球の自転周期が「1日」の基準となりました。

月の公転運動と「1か月」

新月から次の新月までは約29.5日（月の公転運動は約27.3日）あります。一部の文明は月の満ち欠けを暦の基準にしました（太陰暦）。

太陽が沈み，そしてまた昇れば，「1日」という時間が過ぎたとわかります。満月が欠け，ふたたび満ちれば，「1か月」という時間が過ぎたとわかります。夜空の星の動きを観察すれば，「1年」という時間が過ぎたことがわかります。古代の人々は，天体の運行によって時の流れを把握しました。**空をめぐる天体こそ，彼らの時間の基準，すなわち「時計」だったのです。**何度もくりかえす天体の運行を時間の基準にして

いた人々にとって，時間もまた「循環するもの」でした。

古代エジプトの人々は，1日を昼と夜に分け，それぞれを12個に区切って「1時間」の長さを決めていました。昼の長さは冬より夏のほうが長いため，冬の1時間よりも，夏の1時間のほうが長いことになります。**日本でも，ほんの150年ほど前の1872年（明治5年）まで，季節によってのびちぢみする時間（不定時法）を採用していました。**

地球の公転運動と「1年」
地球が太陽の周囲をまわる周期（約365日）が「1年」の基準となりました。

古代エジプトの"初日の出"
おおいぬ座の1等星シリウスは，全天でいちばん明るく輝いて見える恒星です。今から4000年以上も前の古代エジプトでは，シリウスが地平線から夜明け直前に昇る日（現代の暦では7月下旬）を，1年のはじまりと定めていました。ここにえがいたのは，ギザのピラミッドの西側からながめた，当時の暦における"初日の出"の想像図です。

オリオン座

冬の大三角形

シリウス

地球の自転をもとに時間を決める

1時間の長さを季節によらず一定にするには?

古代エジプトの人々が考えたように，昼と夜をそれぞれ12等分することで1日を24等分すると，1時間の長さは季節によってことなってしまいます。では，時間の長さを季節によらず一定にするにはどうしたらよいでしょうか。

古代ギリシャの天文学者ヒッパルコス（前190ごろ 〜 前120ごろ）は，昼夜の長さがほぼ等しくなる春分や秋分の時期に，昼夜をそれぞれ12等分するという方法を考えたといわれています。

またヒッパルコスは，地球の経線にもとづく時間の等分の方法も考えたようです（右のイラスト下）。**この考え方にもとづけば，経線によって地球を24分割し，そのうちの1個ぶんを回転するのにかかる時間を1時間と定めることが**できます※。

同じく古代ギリシャの天文学者プトレマイオス（100ごろ〜 170ごろ）は，角度をより細かく分割し，1°を60分割した「分角」や，1分角をさらに60分割した「秒角」という単位を考えました。また，時間の単位としての分や秒も考案したようです。

しかし，分や秒という時間の概念が人々に広まったのは，17世紀以降のことでした。短い時間を精度よく計測できて，かつ数日以上安定して動きつづける時計がなかったためです。高い技術が確立された17世紀末になってはじめて，時計に分を示す長針が取りつけられたのです。

※：実際にはヒッパルコスは，地球を経線によって360分割し，そのうち一つぶん（1°ぶん）回転するのにかかる時間を天文学的な時間の単位としました。また当時は天動説が信じられていましたが，ここでは地動説にもとづいて説明しています。

天体の動きが古代の人々に時間を告げていた

日時計

1 hour

「地球の自転角度」で１時間の長さを決める

地球の自転

緯線

経線

1 hour

天体現象をもとに時間が決められた

日時計は世界最古の時計だと考えられています。ただし，日時計は太陽の動き
をもとにするため，季節によって時間の長さが変わります。季節によらず一定
の長さの時間を考えるため，古代ギリシャでは地球を緯線や経線で分割すると
いう方法が試みられました。

1億年前の1日は 約23時間20分だった

自転の速さは完全に一定ではないので，精密な時間を決める基準にはふさわしくない

　地球の自転の速さは，長期的にみると実はだんだんと遅くなっています。1日はどんどん長くなっているのです。その主な原因は「潮汐力」です。潮汐力とは，主に月の重力による，潮の満ち引きをおこす力のことです。

　潮の満ち引きがおきると，海水と海底の間に摩擦が発生し，地球の自転にブレーキがかかります（右のイラスト）。その結果，地球の自転周期は100年に2.3ミリ秒ずつ長くなっています。

　化石に残る証拠などから，1億年前には地球の自転周期は約23時間20分であり，太陽のまわりを1回公転する間に約375回自転したと推定されています。つまり，1年は約375日だったのです。

　ただし，自転は遅くなるばかりではありません。右のグラフは2018年1月～2021年1月の自転周期の変化を示したもので，縦軸

は下にいくほど自転が速くなることを意味しています。グラフをみると，自転は徐々に速くなっていることがわかります。

　潮の満ち引きだけでなく，海流や風の動き，巨大地震など，さまざまな要因が地球の自転に影響し，自転の速度を速めることがあるのです。ただ，それらの影響は長期間にわたって平均するとほとんど残らず，長期的には潮の満ち引きの影響だけが残って自転が遅くなることがわかっています。

　このように，天体の運動には不安定さがあるため，精密に時間を決めるための基準としてはふさわしいとはいえないのです。その後，科学の発展とともに，さまざまな時計が発明され，人々はより正確に時間をはかれるようになっていきます。その時計の進化については，次のページからみていきます。

短期的にみると，1日の長さが短くなることもある

下のグラフは，1日の長さの変化を示したものです。縦軸は，実際の1日の長さ（地球の自転を測定して求めた値）と原子時計によってはかった8万6400秒（＝24時間）のずれをあらわしており，下にいくほど1日が短くなっていることをあらわします。この期間では，海流や風などの短期的な影響により，1日の長さが1〜2ミリ秒ほど短くなっています。ただし，長期間にわたって平均すると海流などの影響が消え，100年あたり2.3ミリ秒というペースで1日が長くなる傾向にあります。

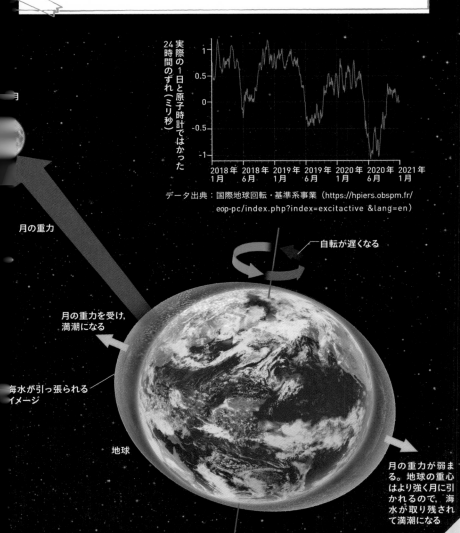

実際の1日と原子時計ではかった24時間のずれ（ミリ秒）

データ出典：国際地球回転・基準系事業（https://hpiers.obspm.fr/eop-pc/index.php?index=excitactive &lang=en）

月の重力

自転が遅くなる

月の重力を受け，満潮になる

海水が引っ張られるイメージ

地球

月の重力が弱まる。地球の重心はより強く月に引かれるので，海水が取り残されて満潮になる

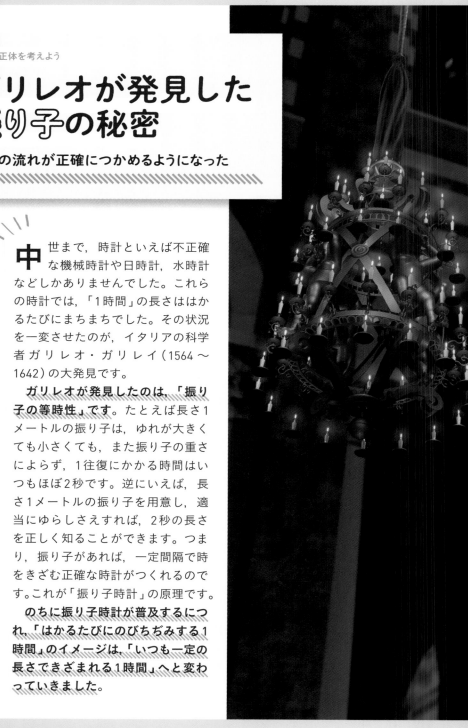

ガリレオが発見した振り子の秘密

時間の流れが正確につかめるようになった

中世まで，時計といえば不正確な機械時計や日時計，水時計などしかありませんでした。これらの時計では，「1時間」の長さははかるたびにまちまちでした。その状況を一変させたのが，イタリアの科学者ガリレオ・ガリレイ（1564〜1642）の大発見です。

ガリレオが発見したのは，「振り子の等時性」です。たとえば長さ1メートルの振り子は，ゆれが大きくても小さくても，また振り子の重さによらず，1往復にかかる時間はいつもほぼ2秒です。逆にいえば，長さ1メートルの振り子を用意し，適当にゆらしさえすれば，2秒の長さを正しく知ることができます。つまり，振り子があれば，一定間隔で時をきざむ正確な時計がつくれるのです。これが「振り子時計」の原理です。

のちに振り子時計が普及するにつれ，「はかるたびにのびちぢみする1時間」のイメージは，「いつも一定の長さできざまれる1時間」へと変わっていきました。

脈をとりながらランプの往復時間を
はかるガリレオ

18歳のガリレオはある日，ピサの大聖堂の天井からつるされたランプに火が灯されたあと，それがゆっくりとゆれるのをながめていました。はじめは大きかったランプのゆれは，次第に小さくなっていき，やがてゆれはおさまりました。ガリレオは，脈をとりながらこれを観察し，ゆれが大きいときに1往復する時間と，ゆれが小さくなったあとに1往復する時間が等しいことを確認しました。これが「振り子の等時性」の発見のエピソードです。ただし，単なる言い伝えであるという説もあります。

新たな時間の基準となった「振り子時計」

精度の高い時計をつくることに成功した

ガリレオは，振り子の等時性を発見し，振り子時計の研究を重ねていたものの，その完成には至りませんでした。振り子時計を実用化したのは，オランダの物理学者クリスティアン・ホイヘンス（1629〜1695）です。振り子の等時性の発見から70年以上経った，1656年のことでした。

実は，おもりをひもや棒でつるしただけの振り子では，振れ幅が大きくなるほど周期がわずかに長くなってしまいます。ホイヘンスは時計の精度を上げるためにさ

まざまなくふうをし，そのうちの一つが振り子の改良でした。ホイヘンスは，「サイクロイド曲線」に沿った形の板を用いて振り子の軌道を制限すれば，振れ幅がちがっても周期が厳密に一定に保たれることを見いだしたのです（下の図）。

ホイヘンスのつくった時計は，当時としては驚異的なずれの少なさが特徴でした。**それまでの時計は1日に15分程度ずれるのが普通だったのに対し，ホイヘンスの振り子時計はわずか15秒以下だったのです。**

サイクロイドとは

サイクロイドとは，自転車の車輪のように，直線上をすべらずに転がる円の円周上の1点がえがく曲線です。振り子時計や歯車など，さまざまな用途で工学的に応用されています。

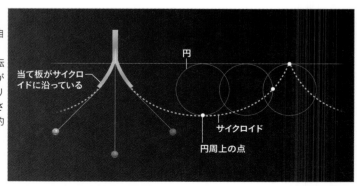

当て板がサイクロイドに沿っている

円

サイクロイド

円周上の点

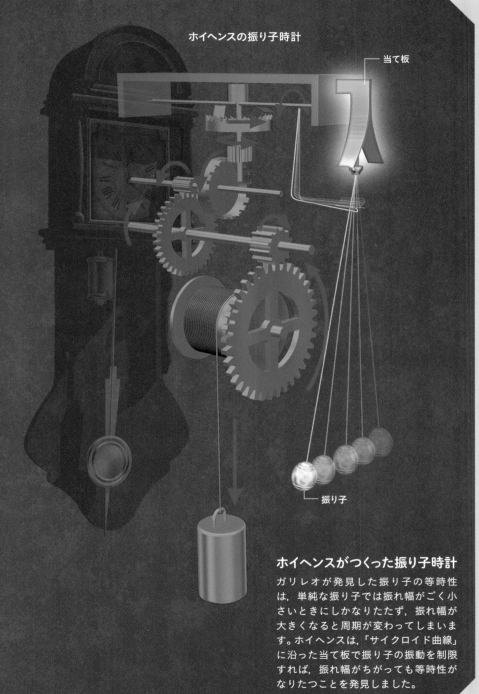

ホイヘンスの振り子時計

当て板

振り子

ホイヘンスがつくった振り子時計

ガリレオが発見した振り子の等時性
は，単純な振り子では振れ幅がごく小
さいときにしかなりたたず，振れ幅が
大きくなると周期が変わってしまいま
す。ホイヘンスは，「サイクロイド曲線」
に沿った当て板で振り子の振動を制限
すれば，振れ幅がちがっても等時性が
なりたつことを発見しました。

時計の精度は劇的に向上しつづけている

300億年に1秒しかずれない超高精度の時計も開発されている

　振り子時計の発明以降も、より正確に時間をはかるための新たな時計が開発されてきました。振り子時計の時代を終わらせたのは、1927年に発明された「クォーツ時計」でした。クォーツ時計は、水晶（二酸化ケイ素の結晶）の薄片に交流電圧をかけ、一定の振動数で振動させることで時間をはかっています。クォーツ時計の開発により、ずれは1か月に15秒ほどになりました。

　1949年に開発された「原子時計」はさらに、3000万年に1秒ほどしかずれないという精度を達成しました。原子は、固有の周波数（光の波が1秒間に振動する回数。単位はヘルツ）の光を、吸収したり放出したりするという性質があります。原子時計では、これらの光の振動の回数を数えることで時間の基準とするのです。

　現在広く使われている原子時計は、セシウム133という原子を用いたものです。セシウム133が吸収・放出する光が91億9263万1770回振動すると、1秒とカウントされます。1967年には、1秒の定義として、セシウム原子時計を用いる方法が採用されました。**それまでは地球の公転から1秒が定義されていましたが、ついに時間は天体現象に依存しないものになったのです。**

　セシウム原子時計よりもさらに精度の高い時計が、東京大学の香取秀俊教授が2003年に開発した「光格子時計」です。レーザーを用いてつくった「光格子」の中に100万個の原子をとらえて計測を行い、その平均をとることで、300億年に1秒もずれが出ないほどの高精度を達成しています。光格子時計は一般相対性理論の検証など、時間の研究に新たな扉を開く可能性もあります（74〜75ページ）。

振り子時計

振動

クォーツ時計

振動

水晶（クォーツ）
の薄片

水晶の薄片に交流電圧をかけ
ると一定の振動数で振動する
という性質を利用した時計。
振動数は薄片の大きさによっ
てことなりますが，一般的な
腕時計に用いられる薄片では
1秒で3万2768回振動します。

セシウム原子時計

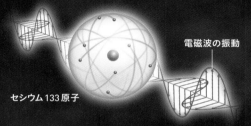

電磁波の振動

セシウム133原子

セシウム133という原子は，特定の周波数（91億9263
万1770ヘルツ）の光（電磁波）を吸収したり放出し
たりする性質があります。この性質を用いて，「セシ
ウム133が吸収・放出する電磁波が，91億9263万
1770回振動するのにかかる時間」を1秒とするのが
セシウム原子時計です。

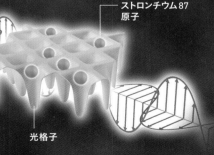

ストロンチウム87
原子

光格子時計

基本的なしくみはセシウム原子時計と同
じで，「ストロンチウム87」という原子を用
います。光格子時計の特徴は，原子を100
万個も同時に用いることで誤差を減らし
ているという点です。そのために，ストロ
ンチウム原子の集団にレーザーを照射
し，「光格子」とよばれる仮想的な"くぼみ"
をつくって原子をつかまえます。利用する
電磁波の周波数は約429兆ヘルツです。

光格子

コーヒーブレーク

1日の長さは，一定ではない

時計の正確性とは関係なく，1日の長さがさまざまな要因で変化していることを60〜61ページでみました。1日の長さが毎日変わる要因として最も単純なのは，地球が太陽のまわりを公転することでおきる現象です。

1日のはじまりは，太陽が真南に来る瞬間（南中）の12時間後からと決められています。ただし太陽が南中してから次に南中するまでには，地球が1回自転するよりも少しだけ余計にまわる必要があります。なぜなら，地球が1回自転する間に，地球は公転軌道上を移動しており，その分，余計に自転しなければ太陽は南中しないからです。

さて，地球の公転軌道は完全な円ではなく，わずかに楕円軌道をえがいています。そのため，地球は太陽に近いところでは速い速度で公転し，遠いところでは遅い速度で公転します。**そうすると，先**ほど説明した，「正確に南中するまでに余計に自転しなければならない量」が，毎日少しずつ変化することになります。**その結果，南中時刻が同じではなくなり，1日の長さが日によって変わることになるのです。

しかし，わずかとはいえ1日の長さが毎日変わってしまっては不便です。**そこで現在は，太陽の空での動きを1年間で平均し，空を一定の速度で動くような仮想的な太陽を考えて，1日の長さが同じになるようにしています。**

公転速度の変化が1日の長さを変える

上のイラストのように，地球の公転軌道は楕円となっています（誇張してえがきました）。太陽の近くでは公転速度が速くなり，遠くでは公転速度が遅くなります。地球の公転速度が変化することにより，下のイラストのように，南中から南中までにかかる時間が変化します。その結果，1日の長さが変わることになるのです。

太陽に近いとき

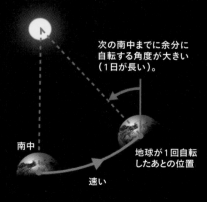

次の南中までに余分に
自転する角度が大きい
（1日が長い）。

南中

速い

地球が1回自転
したあとの位置

太陽から遠いとき

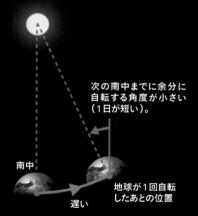

次の南中までに余分に
自転する角度が小さい
（1日が短い）。

南中

遅い

地球が1回自転
したあとの位置

すべてが同じように 時をきざむ『絶対時間』

大科学者ニュートンの考えた 時間の概念

振り子時計が発明された17世紀には，時間の概念を探究する歴史において，きわめて重要な役割を果たした科学者があらわれました。イギリスの科学者アイザック・ニュートン（1642～1727）です。

1687年にニュートンは著作『プリンキピア』の中で，「絶対時間」とよぶ新しい時間の概念を主張しました。**ニュートンが考えた絶対時間とは，物体があろうとなかろうと，運動していようとしていまいと，そうしたこととは無関係に，ただひたすら一定のテンポできざまれる時間です。**

当時，ニュートンの絶対時間には反論もありました。しかし絶対時間を基礎に置いてニュートンがまとめた物理学（ニュートン力学）の成功により，絶対時間の概念は定着し，人々の常識となっていきました。現代に生きる私たちにとっても，**絶対時間の考え方は，日常生活の範囲内では納得しやすい考え方といえるでしょう。**

時刻0の宇宙

ニュートンの絶対時間とは？

ニュートンの考えた絶対時間は，たとえるならば，宇宙のすべてをのせて，どこまでも一定の速度で流れていくベルトコンベアのようなものです。ニュートンの絶対時間は端のない直線的なものであり，時間とは「はじまり」も「終わり」も存在しないものとされました。

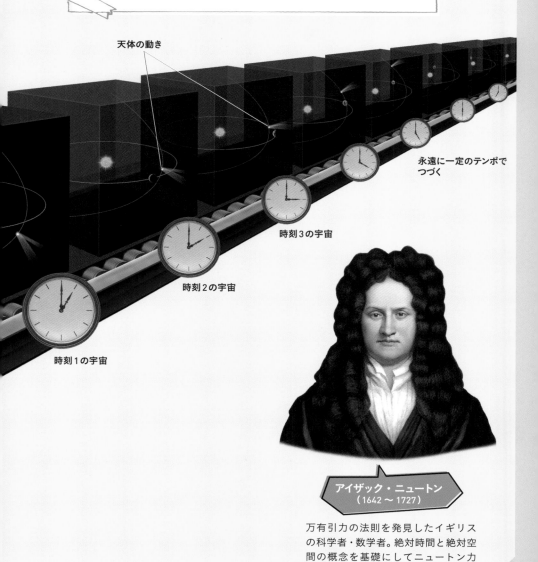

天体の動き

永遠に一定のテンポで
つづく

時刻3の宇宙

時刻2の宇宙

時刻1の宇宙

アイザック・ニュートン
（1642 〜 1727）

万有引力の法則を発見したイギリスの科学者・数学者。絶対時間と絶対空間の概念を基礎にしてニュートン力学をつくり上げました。

時間は『のびたり ちぢんだり』する

日常生活では気づかないが，それが事実

1905年，アインシュタインは，ニュートン力学にかわる「特殊相対性理論」をつくり上げました。この理論が説明する時間の姿は，それまでの常識からかけはなれた，まったく奇妙なものでした。それは，次のようなものです。

「運動する時計の進みはゆっくりになる。運動の速度が光の速さに近づくほど時間の遅れは強まり，光の速さに達すると時間は止まる」。特殊相対性理論は，宇宙のすべてが等しく時をきざむとするニュートンの絶対時間を否定しました。**アインシュタインは，時間の概念に革命をおこしたのです。**

さらに，アインシュタインが1915年から1916年にかけて完成させた「一般相対性理論」は，重力によっても時間が遅れることを明らかにしました。**重力が強いほど，時間の遅れは大きくなるというのです。**

ただし，日常生活ではこうした時間ののびちぢみがあまりにも小さいため，気がつくことはできません。

B. 高速で運動している時計
→時計はゆっくり進む

A. 静止している人の時計

状況によってことなる時間の進み方

駅のホームで静止している人の時計（A）とくらべると，高速で走る新幹線の時計（B）はゆっくり進みます（特殊相対性理論の効果）。また，低いところに置かれた時計（C）とくらべると，高いところの時計（D）は速く進みます（一般相対性理論の効果）。ジェット機やGPS衛星に積まれた時計には，高速で飛ぶことによる特殊相対性理論の効果と，高いところを飛ぶことによる一般相対性理論の効果の両方がはたらきます。これらを相殺すると，ジェット機に積まれた時計（E）は地表の時計にくらべてゆっくり進み，GPS衛星に積まれた時計（F）は速く進みます。なお，各時計の進み方のずれは，イラストでは誇張しています。

F. GPS衛星に積まれた時計
→時計は速く進む

E. ジェット機に積まれた時計
→時計はゆっくり進む

D. 高いところにある時計
→時計は速く進む

C. 低いところにある時計

スカイツリーの展望台では，時間が速く進む

光格子時計を使うと確かめられる

一般相対性理論によると，時間の進み方は重力によっても変わるといいます。重力源となる天体の質量が大きいほど，また重力源に近いほど，時間がゆっくりと進むのです。

たとえば，太陽の表面では地球上よりも時間がゆっくり進みます。その割合は100万分の2，つまり地球上で100万秒（12日弱）が経過すると，太陽にある時計が2秒遅れるという割合です。

こうした時間の遅れは地球上でもおきています。地球の中心からはなれた場所，つまり標高の高い場所では時間が速く進むのです。ただ，その差はわずかなので，実際に測定するには超高精度の時計が必要です。そこで登場するのが光格子時計です（66 〜 67ページ）。**実は，光格子時計を使うと，東京スカイツリーの展望台と地上では時間の進み方がちがうことを確かめられるのです。**

その検証は2020年，東京大学，理化学研究所，国土地理院，大阪工業大学のグループによって行われました。東京スカイツリーの地上階の時間と，地上450メートルの展望台の時間との進み方のちがいを，光格子時計を用いて測定したのです。すると，展望台の時間のほうが，1日で10億分の4秒だけ速く進むことが測定できました。これはどれほどの差かというと，展望台で80年間暮らすと，地上の人にくらべて0.1ミリ秒ほど長い人生を過ごすことになります。驚異的な精度をもつ光格子時計だからこそ検出できる，極微の差です。

逆に，時間の進み方のちがいを測定することで高低差を検出することもできます。この技術を応用すれば，火山の中腹に光格子時計を設置して地殻変動によるわずかな高低差を測定することで，噴火の予兆を調べることができると期待されています。

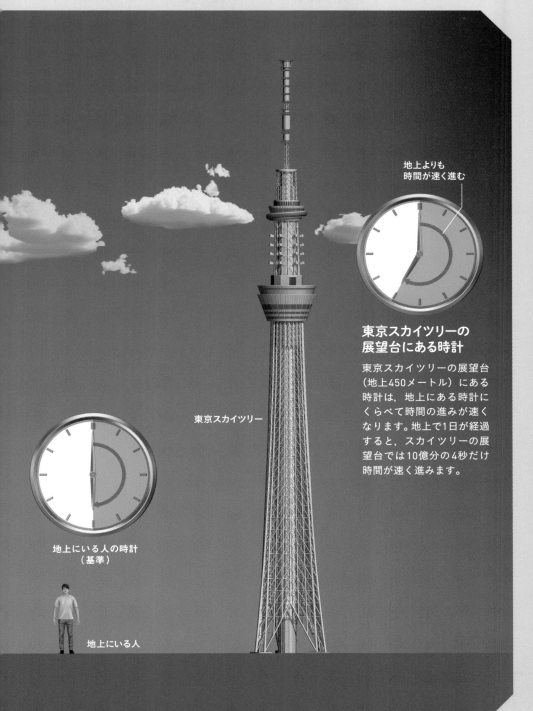

地上よりも
時間が速く進む

東京スカイツリーの
展望台にある時計

東京スカイツリーの展望台
（地上450メートル）にある
時計は，地上にある時計に
くらべて時間の進みが速く
なります。地上で1日が経過
すると，スカイツリーの展
望台では10億分の4秒だけ
時間が速く進みます。

東京スカイツリー

地上にいる人の時計
（基準）

地上にいる人

時間はなぜのびちぢみするのだろうか

光で1秒をカウントする時計で考えてみる

アインシュタインが1905年に発表した特殊相対性理論は、時間の前提を根本から変えてしまいました。**時間の進み方は、立場によってことなるというのです。**

光速に近い速さで飛ぶ陽子（原子核を形づくるプラスの電気をおびた粒子）の時間を考えてみましょう（右のイラスト）。すると、静止している人から見た陽子は、時間の進みが遅くなることがみちびけるのです。

時間をはかるのに使うのは「光時計」という仮想の時計です。光時計は筒状で、筒の長さは光が1秒間に進む距離、つまり約30万キロメートルとしましょう。この光時計では、筒の底面から光が放たれ、上面に届いたら1秒とカウントされます。

まず光速の50％で飛ぶ陽子を考えてみます。光時計は水平方向に移動するので、静止している人から見ると光の軌跡は斜めになり

ます。そのため、光が光時計の天井に到達するまでには、30万キロメートルよりも長い距離を進む必要があります。

アインシュタインによると、光の進む速さはだれが見ても秒速30万キロメートルで一定です。これを「光速度不変の原理」といいます。したがって、運動している光時計が1秒をカウントするまでには、静止している人にとっては1秒以上の時間がかかってしまいます（計算すると約1.15秒）。

陽子の速度がさらに光速に近づくと、時間の遅れはより顕著になります。たとえば、陽子を光速の99.9999991％[※]まで加速させると、その陽子の光時計が1秒をきざむまでに、静止している光時計はなんと7000秒以上も進みます。

こうした時間の遅れは、さまざまな実験によって確かめられています。**「だれにとっても共通に流れる時間」など存在しないのです。**

[※]：スイス、ジュネーブにある世界最大級の加速器「LHC」によって陽子を加速させた場合の速さ。

① 陽子が静止している場合

約30万キロメートル

光が上面に到達すると
1秒とカウントされます

光時計

陽子

② 陽子が光速の50%で飛ぶ場合

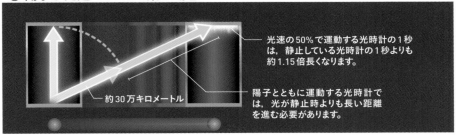

約30万キロメートル

光速の50%で運動する光時計の1秒
は，静止している光時計の1秒よりも
約1.15倍長くなります。

陽子とともに運動する光時計で
は，光が静止時よりも長い距離
を進む必要があります。

③ 陽子が光速の99.9999991%で飛ぶ場合

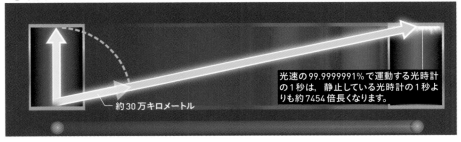

約30万キロメートル

光速の99.9999991%で運動する光時計
の1秒は，静止している光時計の1秒よ
りも約7454倍長くなります。

「光時計」を使って時間の遅れを考えよう

世界最大級の加速器「LHC」では，加速された陽子は青いトンネルの中を通り
ます。この加速器の中を通る陽子と，仮想の時計である「光時計」を使って，
時間の遅れについて考えてみましょう。陽子が速く動くほど，時間の遅れは大
きくなります。光速の99.9999991%で進む陽子にとっての1秒が経過するまで
に，静止している人にとってはなんと7000秒以上が経過します。

立場によって『同時』はことなる

あなたには同時におきた出来事も，だれかにとっては同時ではない

特殊相対性理論では，**ある人にとって同時におきた出来事が，別の人にとっては同時ではないといいます。**

　アリスは，光速に近い速さで右向きに進む宇宙船を外からながめており，宇宙船にはボブが乗っています。宇宙船の中央に光源があり，その左右には等距離に二つの光検出器があります。船内のボブから見れば，光源から発せられた光は，二つの検出器に同時に届きます（下）が，アリスから見ると，右側の検出器は光から逃げ，左側の検出器は光に近づきます。その結果，アリスから見ると先に左側，次に右側の検出器に光が届くことになります（右）。ボブにとっては左右同時に光が届いたのに，アリスにとっては左右で光が届く時間がちがうのです。**この現象を「同時性の破れ」といいます。**

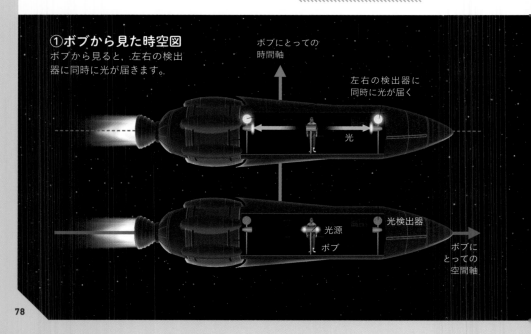

①ボブから見た時空図
ボブから見ると，左右の検出器に同時に光が届きます。

ボブにとっての
時間軸

左右の検出器に
同時に光が届く

光

光源

ボブ

光検出器

ボブに
とっての
空間軸

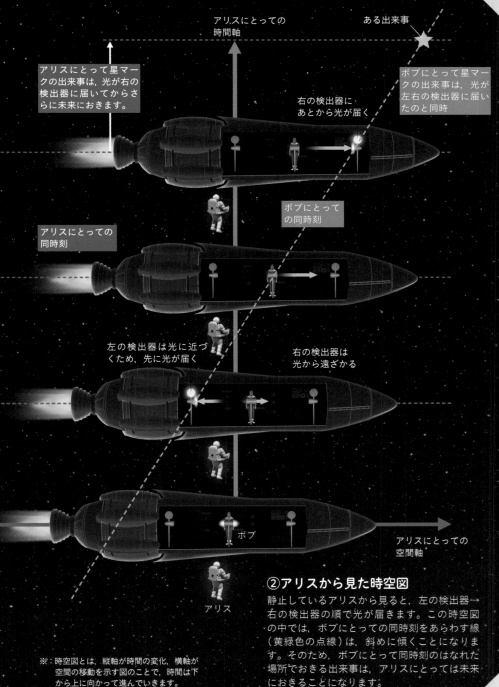

アリスにとっての
時間軸

ある出来事

アリスにとって星マークの出来事は，光が右の検出器に届いてからさらに未来におきます。

ボブにとって星マークの出来事は，光が左右の検出器に届いたのと同時

右の検出器に
あとから光が届く

ボブにとって
の同時刻

アリスにとっての
同時刻

左の検出器は光に近づくため，先に光が届く

右の検出器は
光から遠ざかる

ボブ

アリスにとっての
空間軸

アリス

※：時空図とは，縦軸が時間の変化，横軸が
　空間の移動を示す図のことで，時間は下
　から上に向かって進んでいきます。

②アリスから見た時空図

静止しているアリスから見ると，左の検出器→右の検出器の順で光が届きます。この時空図の中では，ボブにとっての同時刻をあらわす線（黄緑色の点線）は，斜めに傾くことになります。そのため，ボブにとって同時刻のはなれた場所でおきる出来事は，アリスにとっては未来におきることになります。

宇宙規模では時間と空間は入りまじる

「今」とは何か？の答えは人によってことなる

前のページで紹介した現象は，時間と空間が入りまじっていることを示しています。**時間と空間は一体化してとらえられ「時空」とよばれます。**私たちは光速に近い速さで移動したりできないため，時間と空間の入りまじりはごくわずかにしかおきません。しかし，移動速度は遅くても，宇宙のような大きなスケールで考えると無視できなくなります。

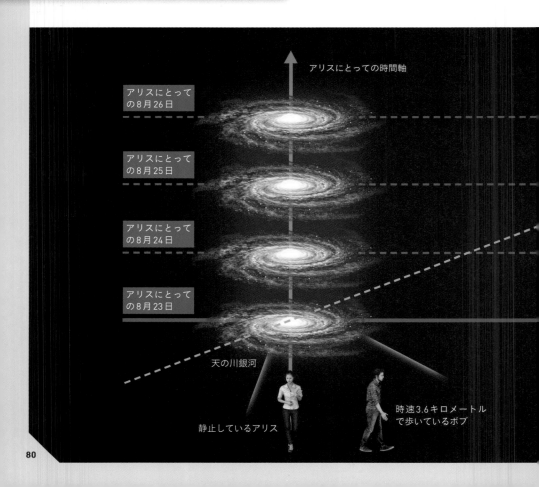

アリスにとっての時間軸

アリスにとっての8月26日

アリスにとっての8月25日

アリスにとっての8月24日

アリスにとっての8月23日

天の川銀河

静止しているアリス

時速3.6キロメートルで歩いているボブ

たとえば，静止しているアリスと歩いているボブが，ともにアンドロメダ銀河を見ているとします。アンドロメダ銀河までの距離は約250万光年（1光年は約9.5兆キロメートル）です。時空図で考えると，静止したアリスの時空図中では，移動しているボブの空間軸（＝「同時」をあらわす直線）は傾いています。移動の速さが光速に近くなるほど，その傾きは大きくなります。

徒歩程度の速さでも，アンドロメダ銀河ほど距離がはなれてしまうと，その小さな傾きの影響は無視できなくなります。具体的には，ボブが時速3.6キロメートルで歩いているとすると，ボブとアリスにとっての「今」のアンドロメダ銀河は，3日もずれるのです。

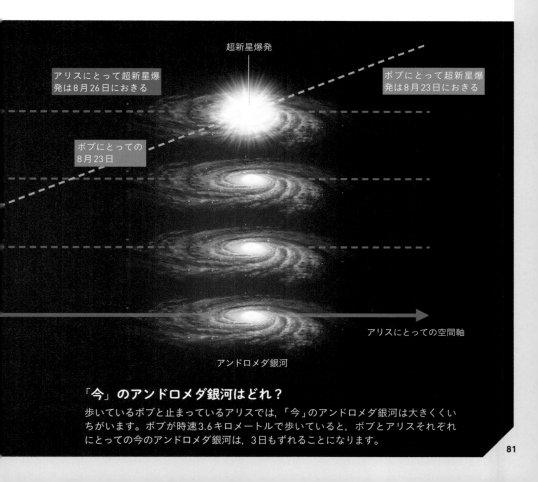

超新星爆発

アリスにとって超新星爆発は8月26日におきる

ボブにとって超新星爆発は8月23日におきる

ボブにとっての
8月23日

アリスにとっての空間軸

アンドロメダ銀河

「今」のアンドロメダ銀河はどれ？

歩いているボブと止まっているアリスでは，「今」のアンドロメダ銀河は大きくいちがいます。ボブが時速3.6キロメートルで歩いていると，ボブとアリスそれぞれにとっての今のアンドロメダ銀河は，3日もずれることになります。

ブラックホールで時間は止まる？

光さえも逃れることができない「ブラックホール」に近づいていく物体の時間は，遅くなっていくようにみえるはずで，最終的にはブラックホールの表面で時間が完全に"凍結"したようにみえるであろうといいます。

ただしこれは，あくまでもブ

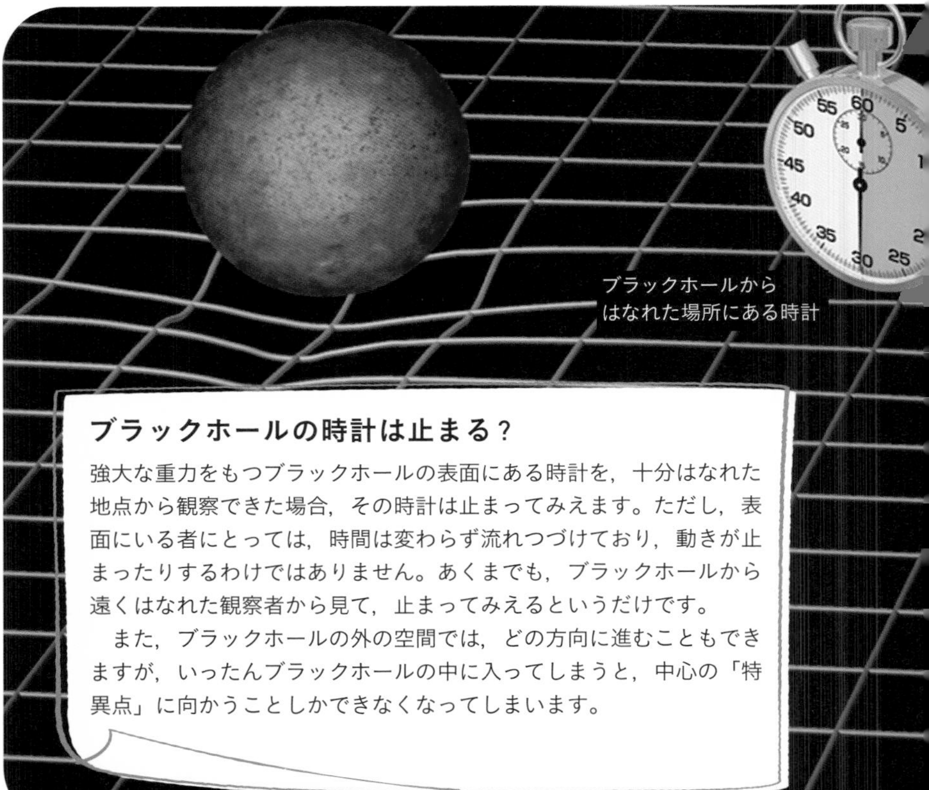

ブラックホールから
はなれた場所にある時計

ブラックホールの時計は止まる？

強大な重力をもつブラックホールの表面にある時計を，十分はなれた地点から観察できた場合，その時計は止まってみえます。ただし，表面にいる者にとっては，時間は変わらず流れつづけており，動きが止まったりするわけではありません。あくまでも，ブラックホールから遠くはなれた観察者から見て，止まってみえるというだけです。

また，ブラックホールの外の空間では，どの方向に進むこともできますが，いったんブラックホールの中に入ってしまうと，中心の「特異点」に向かうことしかできなくなってしまいます。

ラックホールに落ちていく物体をはなれた場所から見ると，時間が止まっているようにみえるということです。仮に私たちが実際にブラックホールに向かって自由落下していった場合は，地球で生活しているときと同じように時間の流れを感じることができるはずです。

ブラックホールの内部では，時間や空間はその巨大な重力によって，ブラックホールの中心の1点に向かって落ちこんでいくはずです。**つまり，あらゆるものが空間を一方向にしか移動できなくなるのです。これは，空間が時間的になるということです。ただし，それが具体的にどういう現象なのかは想像できません。**

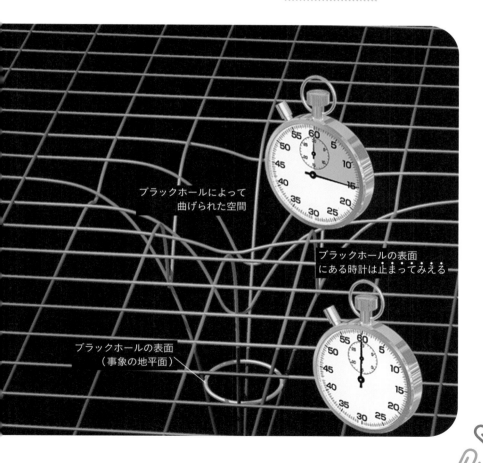

ブラックホールによって
曲げられた空間

ブラックホールの表面
にある時計は止まってみえる

ブラックホールの表面
（事象の地平面）

4

時間の流れ
とは何だろう

私たちは未来へと流れる時間に身をまかせるしかありません。なぜ, 時間は巻きもどせないのでしょうか。時間に「はじまり」や「終わり」はあるのでしょうか。そもそもなぜ時間は流れるのでしょうか。そうした素朴で深い時間の謎について探っていきます。

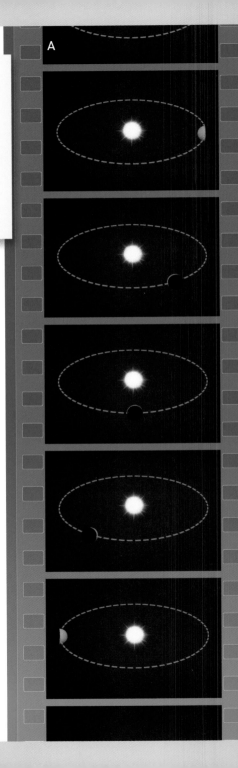

A

どちらが過去で，どちらが未来か

フィルムの逆まわしで考えてみよう

時間には，「過去」と「未来」に関する大きな謎があります。

太陽系ではない，未知の惑星の公転運動を記録したフィルムがあるとします。ただしフィルムの正しい再生方向はわかりません。ある方向にフィルムを再生すると，惑星は右まわりに公転します。逆まわしに再生すると，惑星は左まわりになります。どちらの映像にもまったく不自然さはみられません。このままでは，惑星の公転がほんとうは右まわりなのか，それとも左まわりなのかを正しく判断することができないでしょう。

これは，惑星の公転運動を支配するニュートン力学が，「時間の向きを区別しない」ためにおきる現象です。**ニュートン力学は，どちらが過去でどちらが未来であるのかを決めてくれないのです。**ニュートン力学にかぎらず，電磁気学や相対性理論，量子論などはいずれも，時間の向きをまったく区別しません。

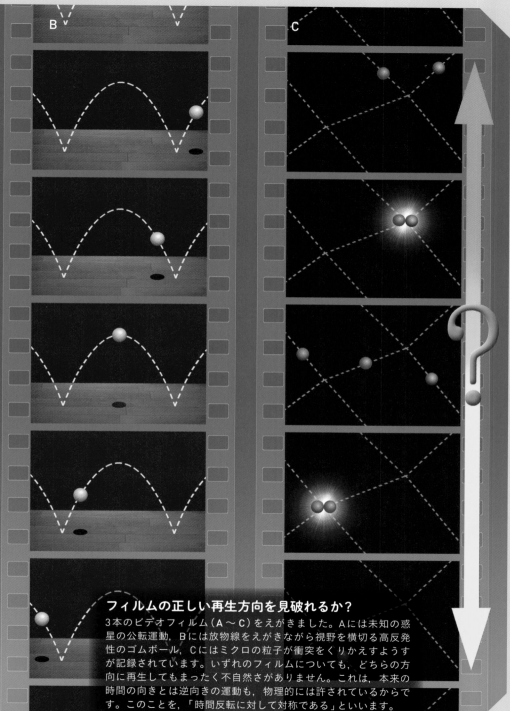

フィルムの正しい再生方向を見破れるか?

3本のビデオフィルム（A〜C）をえがきました。Aには未知の惑星の公転運動，Bには放物線をえがきながら視野を横切る高反発性のゴムボール，Cにはミクロの粒子が衝突をくりかえすようすが記録されています。いずれのフィルムについても，どちらの方向に再生してもまったく不自然さがありません。これは，本来の時間の向きとは逆向きの運動も，物理的には許されているからです。このことを，「時間反転に対して対称である」といいます。

87

時間はなぜ, 過去へと 流れないのか

かきまぜたコーヒーとミルクは, もとにもどらない

時間の矢とは?

コーヒーにミルクを入れてかきまぜると, 下のA〜Dのように変化して, 最終的にはミルクはコーヒー全体に拡散されます。この変化は, 逆向きに観察されることはありません。このような「不可逆過程」にみられる時間の性質は, 「時間の矢」とよばれます。

A

B

過去

時間の矢

前ページで紹介した話とは逆に，実生活での私たちは，過去や未来を簡単に判別できる場合も多いです。ミルク入りのコーヒーを「かきまぜる前」と「かきまぜたあと」の画像を見て，どちらが過去か，迷うことなく答えられます。これは，かきまぜたコーヒーとミルクがふたたび分離することがないためです。

このような，もとにもどらない過程は，身のまわりにたくさんあふれています。たとえば，割れたコップはもとにもどりません。平らな床を転がって止まったボールが，ふたたび逆向きに動きだすことはありません。**このように，時間的に逆もどりできない過程を「不可逆過程」といいます。私たちが過去と未来を区別できるのは，こうした不可逆過程が存在するためです。**

そして，不可逆過程があるために，私たちは，時間が過去から未来への一方通行であるように感じているのです。**このような性質を「時間の矢」といいます。**

C

D

未来

時間の流れのかぎ、『エントロピー』とは

莫大な数の粒子の
「散らばりぐあい」に着目

エントロピーをあらわす
ボルツマンの式
(k はある定数)

$$S = k \log W$$

ルートヴィッヒ・ボルツマン
（1844 ～ 1906）

配置の数は、1通り
→エントロピーは「低い」

1.「まざる前」のミルクの配置

「まざる前のミルク」は、「6個の白いタイルのすべてが、6×6マスの盤の最上段に集中している状態」に対応します。この状態になるような白いタイルの配置 W は1通りしかありません。このとき、エントロピー S は0で、最小になります。つまり、「まざる前」のミルクのエントロピーは低いといえます。

どんな物理法則が，時間の矢を
もたらしているのでしょうか。
　19世紀オーストリアの物理学者
ルートヴィッヒ・ボルツマン（1844
〜1906）は，あともどりできない不
可逆過程が生じるのは，そこに莫大
（ばくだい）
な数の原子や分子がかかわっている
ためだと考えました。当時，原子や
分子の存在はまだ証明されていませ
んでしたが，それでもその存在を信
じて研究を進めていたのです。

　ここでもう一度，前ページで解説
したコーヒーとミルクの例を考えま
しょう。かきまぜる前とあとで変化
したのは，ミルクの粒子の「散らば
りぐあい」だけです。**この「粒子の散
らばりぐあい」を，「エントロピー」
という数値であらわすことをボルツ
マンは提案しました。**粒子の配置が
整っていれば「エントロピーは低い」，
粒子の配置が散らばっていれば「エ
ントロピーは高い」と計算されます。

配置の数は，720通り
→エントロピーは「高い」

2.「まざったあと」のミルクの配置

「まざったあとのミルク」は，「6個の白いタイルが，6×6マ
スの盤のあちこちに散らばっている状態」に対応します。白
いタイルが縦横各列で重複しないときを「散らばっている状
態」とみなすことにすれば，そのような白いタイルの配置W
は720通りあります。すると，エントロピーSは約$2.9×k$と
なり，「まざる前」にくらべてエントロピーは高くなります。

時間とともに物事は乱雑になる

サイコロの目はだんだんとばらばらになっていく

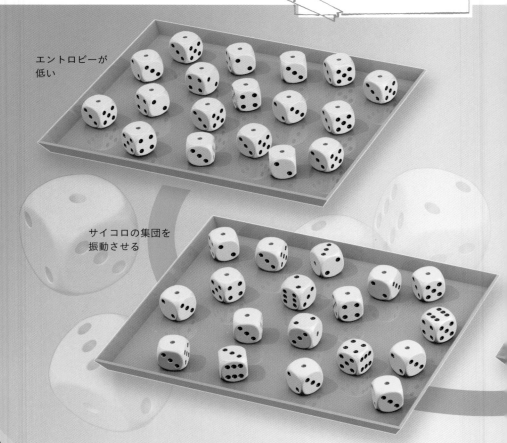

エントロピーが
低い

サイコロの集団を
振動させる

エントロピーについて，サイコロの集団で考えてみましょう（下のイラスト）。この場合の乱雑さとは，「サイコロの目のばらつきぐあい」をあらわします。まず最初は，すべて1の目が出ています。この状態は乱雑さが非常に低く，エントロピーは最小です。

そこからサイコロの集団を何度も振動させると，1以外の目がふえていき，出目の状態はだんだんと乱雑になっていきます。最終的には，1から6の目がおおむね均等に出るでしょう。これがエントロピー最大の状態です。

逆にすべての目が均等に出た状態から，サイコロ集団を振動させた結果，すべてのサイコロの目が1になるという現象は，ほぼ確実におきません。**このように，「物理系は，エントロピーの小さい状態から，エントロピーの大きい状態に変化する」といえます。これが「エントロピー増大の法則」**です。

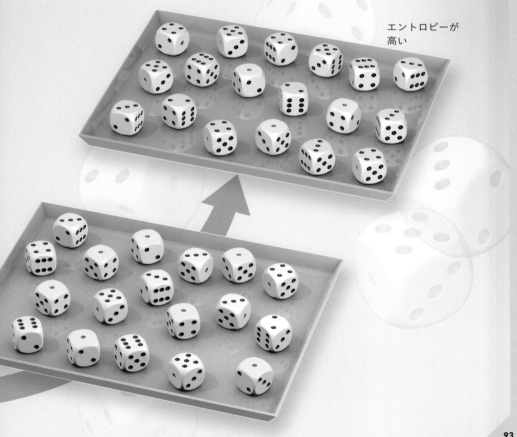

エントロピーが
高い

時間とともに秩序が生まれることもある

エネルギーをつぎこめば「時間の矢」に逆らえる

時間とともにエントロピーはふえていき，秩序あるものは徐々にこわれていきます。**しかし自然界では，あたかも「時間の矢」に反するように，時間とともに秩序が生まれていく過程がみられることがあります。** その一例は，私たち，つまり「生命」です。

私たちがもつ「DNA（デオキシリボ核酸）」は，炭素や酸素，窒素などのさまざまな原子が組み合わさって，きわめて秩序だった構造をつくったものです。生命体が生まれる過程は，一見，エントロピーが減っていくようにみえる現象です。これについて，10枚のコインを使って考えてみましょう。

10枚のコインをゆらすとき，ずるをして手でコインを裏がえしてしまえば，すぐにでも10枚すべてを表にできます。**つまり，外からエネルギーをつぎこめば，限られた範囲ではエントロピーを減らせるのです。**

リン（P）

窒素
（N_2）

水
（H_2O）

二酸化炭素
（CO_2）

エントロピーの「減少」

銀河

秩序は宇宙にも生まれる

太陽が地球にあたえるエネルギー

糖

リン酸

エントロピーの「減少」

塩基

DNA
（デオキシリボ核酸）

宇宙が生まれた瞬間の時間

そのときのエントロピーはどうなっていたのか?

宇宙誕生から10^{-5}秒後〜3分後

宇宙誕生から10^{-5}秒後（10万分の1秒後）には，陽子と中性子ができました。3分後には陽子と中性子が合体し，ヘリウム原子核などの軽い原子核ができました。

宇宙誕生から10^{-27}秒後

宇宙は「ビッグバン」とよばれる超高温・超高密度状態になりました。

宇宙誕生から10^{-36}〜10^{-34}秒後

「インフレーション」とよばれる宇宙の急膨張がおきました。

宇宙の誕生

誕生から約38万年間の宇宙は，原子も存在できないような超高温で，高エネルギーの光で満たされていました。この光の名残は現在，「宇宙マイクロ波背景放射」として観測されており，ビッグバン当時の宇宙の温度や物質の分布は，ほぼ均一だったとされています。

実はこの観測結果は，「ビッグバン当時の宇宙はエントロピーが低かったはず」という前提からすると，意外なものです。温度などが均一な状態からはそれ以上変化がおきないので，エントロピーが高いはずなのです。この矛盾は，重力の作用を考えることで解消できるようです。ビッグバンがおきたあと，重力の作用で物質が集まって星が生まれたり，ブラックホールに進化したりする過程では，宇宙全体のエントロピーがいちじるしく増加します。**したがって，その後の増加ぐあいとくらべると，ビッグバン当時の宇宙はエントロピーが十分低いといえるのです。**

宇宙誕生から数億年後
最初の星が輝きはじめました。

宇宙の歴史と「宇宙マイクロ波背景放射」

「宇宙マイクロ波背景放射」の観測結果に，重力の作用を加えて考えることで，宇宙初期のエントロピーは低かったという結論をみちびくことができます。しかし，なぜ宇宙がエントロピーの低い状態で生まれたのかは，いまだにわかっていません。

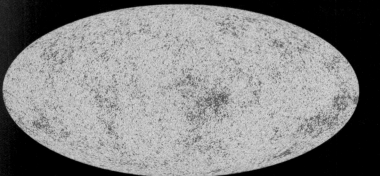

宇宙誕生から38万年後
水素原子やヘリウム原子などができました。それによって，光が直進できるようになりました。その光を観測したものが宇宙マイクロ波背景放射です。

上の写真は，ESA（ヨーロッパ宇宙機関）が2009年に打ち上げた観測衛星「Planck」によって観測された宇宙マイクロ波背景放射の画像です。赤い部分や青い部分はそれぞれ高温，低温の部分をあらわしていますが，いずれも平均温度から約10万分の1℃高い（低い）だけなので，宇宙がいかに均一な温度にあるかがよくわかります。

コーヒーブレーク

「反粒子」は過去に向けて飛んでいく

反 粒子は，（正）粒子とペアになる粒子で，質量や寿命などの性質は粒子と同じですが，電荷は反対です。マイナスの電荷をもつ電子の反粒子は「陽電子」で，プラスの電荷をもっています。

1932年に陽電子が発見されて以降，さまざまな反粒子がみつかっています。

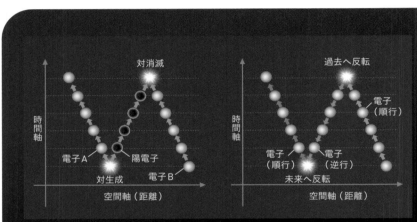

「対生成」と「対消滅」からみえてくる，反粒子の不思議な性質

電子と陽電子の運動を，時空図（縦軸が時間軸，横軸が空間軸）上にえがきました（図中では光子を省略）。左図では，対生成によって電子Aと陽電子が発生したのち，陽電子は電子Bと衝突して対消滅します。これを，「陽電子＝時間を逆行する電子」とみてえがき直したのが右図です。まず，時間を順行しながら右下から左上へ向かって移動する電子が，ある場所で過去に向かって反転します。その後，しばらく時間を逆行しながら左下へ進んだのち，今度は未来に向かって反転して，左上へ進みます。この二つの図は数学的には同じ現象を指しています。

1949年，アメリカの物理学者リチャード・ファインマン（1918～1988）は，陽電子は「時間を逆行する電子」とみなせることを示しました。**動いている陽電子は，時間を逆行しながら逆向きに動いている電子だとみなしても，数学的に矛盾はないというのです。**

　左下の図をみてください。左図では，「対生成」によって電子Aと陽電子ができたのち，電子Bと陽電子が「対消滅」をおこしています。対生成とは，高いエネルギーをもつ光子から，粒子と反粒子が生成する現象のことです。

　一方，右図は，陽電子を「時間を逆行する電子」とみて，左側のイラストをえがき直したものです。このように考えても，数学的には矛盾がないといいます。

時間に最小の単位は存在するのか

時間はどこまで細切れにできるだろうか

鉄原子がつくる結晶構造

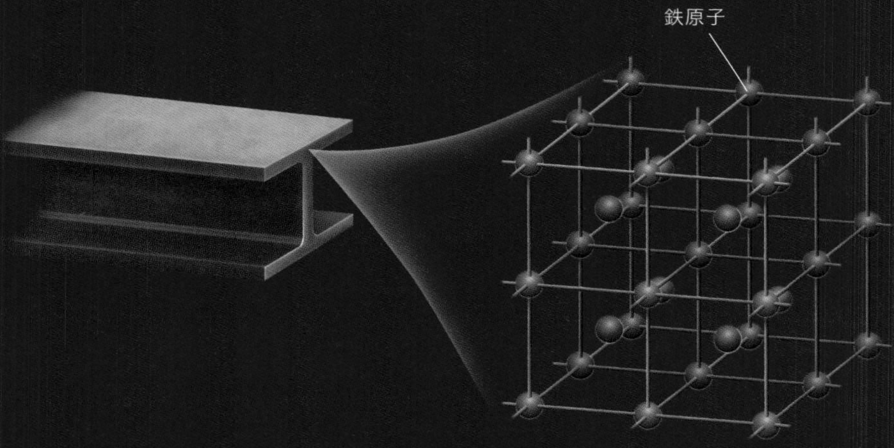

鉄原子

物質は，「原子」の集まり

鉄の表面はなめらかにみえますが，十分に拡大すれば，鉄の原子がつくる格子状の構造が見えてきます。つまり鉄という物質は，鉄原子の集まりです。鉄原子は，さらに原子核や電子などに分割することもできますが，その時点で鉄としての性質は失われます。その意味で鉄原子は，それ以上分割できない鉄の最小単位です。

19 世紀までの物理学者の多くは，物質は好きなだけ小さく切りきざめると考えていました。現在では，物質はそれ以上分割できない原子の集まりであることが広く知られています。

　現在の標準的な物理学でも，時間と空間はどちらも好きなだけ分割可能なもの，すなわち「連続的」なものだとみなしています。

　ただし近年，時間と空間に最小単位があると考える「ループ量子重力理論」がさかんに研究されています。

　この理論では，時間はなめらかに流れるのではなく，コマ送りのように流れると考えます。

　私たちはコマ送りされる出来事の連なりや変化を，時間としてとらえているにすぎないのかもしれません。

　ループ量子重力理論は未完成の理論ですが，この理論をもとに"時間は存在しない"と考える研究者もいます。しかし，それに否定的な意見も多く，現在の物理学で明確に"時間とは何か"を説明することはまだむずかしいようです。

コマ送りの時間のイメージ

時間には「最小単位」がある？

飛ぶ矢

時間と空間も，"原子"の集まり？

ループ量子重力理論では，空間にはそれ以上分割できない最小単位があると考えます。また，ループ量子重力理論の中には，時間も最小単位をもつと考えるモデルもあります。その長さはプランク時間（10^{-43}秒程度）と想定されています。仮にこの理論が正しいとしても，こうした時間と空間の最小単位はあまりに小さいため，私たちには時間や空間がなめらかなものにしか感じられません。

『究極の理論』で考える時間

「究極の理論」とは一般相対性理論と量子力学を融合させたもの

　　宇宙初期の時間の謎にせまるためには、どのような物理学の理論が必要なのでしょうか。

　量子論と一般相対性理論の融合をめざす「量子重力理論」の候補の一つとして近年注目されているのが「因果力学的単体分割理論」です。これは、時空はなめらかにつながっておらず、「単体」とよばれる微小部分の組み合わせでできているとする理論です。

　右のイラストで説明しましょう。これは、単体によって分割した3次元時空をあらわすイラストです。空間は三角形で分割され、そこから時間方向に辺がのびることで四面体ができています。この四面体が3次元時空の単体です※。単体の一辺の長さは、空間方向にはプランク長さ（10^{-35}メートル）、時間方向にはプランク長さを光速で割った値「プランク時間」（10^{-43}秒程度）です。**つまり、もしもこの理論の見方が正しいならば、この時空は無数の単体の集まりで、空間や時間にはプランク長さやプランク時間という最小単位があることになります。**現在の量子力学や一般相対性理論は時間や空間はなめらかに連続していると考えていますが、それも確実なことではありません。

　量子重力理論の候補は、ほかにもあります。たとえば、イタリアの物理学者カルロ・ロヴェッリ（1956～）らが提唱する「ループ量子重力理論」（101ページ）などです。

　しかし量子重力の効果が顕著にあらわれるのは、ビッグバンの最初期のような超高温・超高密度状態など、現在の技術ではとても実現できない環境下のため、候補のうちどれがこの宇宙に適しているのかを検証するのは、とてもむずかしいことです。**このような点からも、量子重力理論の研究には多くの困難がともなうのです。**

※：実際の4次元時空における単体は、「五胞体」とよばれる4次元立体だと考えられています。

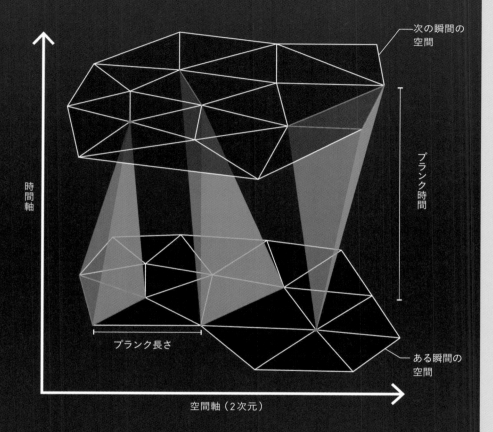

次の瞬間の
空間

プランク時間

時間軸

プランク長さ

ある瞬間の
空間

空間軸（2次元）

「因果力学的単体分割理論」では，時間や空間には最小単位がある

因果力学的単体分割理論（CDT：Causal Dynamical Triangulation）とは，時空を
「単体」とよばれる最小単位によって分割する理論のことです。たとえば空間が2
次元，時間が1次元の3次元時空を考えると，単体は四面体になります。単体が多
数組み合わさることにより，複雑に曲がった時空間がつくられると考えられてい
ます。この理論にもとづけば，空間にはプランク長さ，時間にはプランク時間と
いう最小単位があることになり，時間や空間は連続ではなくなります。

時間はいつ
はじまったのか

時間のはじまりを考察する仮説は
いくつか存在する

宇宙が時間とともに膨張しているのなら，過去の宇宙はもっと小さかったはずです。時間をどんどんさかのぼると，宇宙はどんどん小さくなり，138億年という気の遠くなるような長い時間をさかのぼると，全宇宙のすべては，ミクロの1点につめこまれてしまいます。この点が，「ビッグバン」とよばれる宇宙のはじまりです。

相対性理論によれば，時間と空間は切っても切れない関係にあり，両者が一体となってこの宇宙をつくっていると考えます。そのため，ビッグバンを宇宙のはじまりとみなすなら，それは同時に時間のはじまりでもあるとするのが，現在の標準的な宇宙論の立場です。

しかしこれには異論もあります。**ビッグバンはたんなる通過点にすぎず，実はビッグバンの前にも，時間が流れていたとする，右にあげるような仮説が提出されているのです。**

ビッグバン

「宇宙のはじまり」を
包みかくす，量子論的
なゆらぎのイメージ

「虚数時間」が流れる
初期宇宙

「実数時間」が流れる
われわれの宇宙

無境界仮説
「無境界仮説」では，空間
と区別できない「虚数時
間」から宇宙がはじまっ
たと考えます。

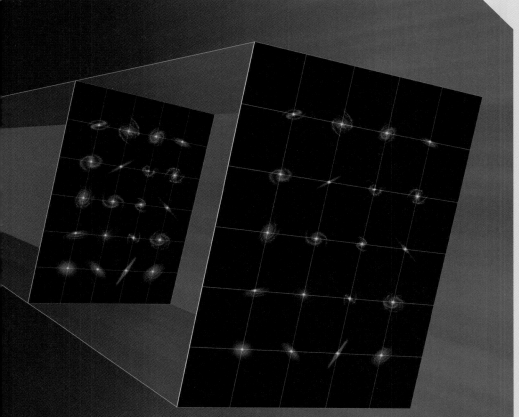

時間のはじまりを探る

宇宙膨張を過去にさかのぼると，宇宙のはじまりとされる「ビッグバン」に行きつきます（上）。ビッグバンは，ミクロの1点に，宇宙のすべてが高密度で押しこまれた状態です。10^{-33}センチメートル（プランク長さ）よりも小さな空間では，量子論の効果によるはげしいゆらぎが生じるため，宇宙のはじまりがどんなようすであったかは，謎に包まれています。宇宙のはじまりにおける時間と空間のあり方については，さまざまな仮説が提案されています（下）。

自己創造する宇宙モデル
「自己創造する宇宙モデル」では，宇宙は未来と過去が循環する「タイムループ」からはじまったと考えます。

ビッグバウンス
ループ量子重力理論では，前の世代の宇宙が収縮したあと，はねかえり（ビッグバウンス）がおきて私たちの宇宙がはじまったと考えます。

宇宙の多重発生理論
「宇宙の多重発生」理論では，私たちの宇宙を生んだ「親宇宙」があったかもしれないと考えます。

時間に終わりは あるのか?

その答えは，宇宙がどのように 変化するのかによって変わる

極限までエントロピーがふえた宇宙の状態を，宇宙の「熱的死」とよびます。熱的死をむかえた宇宙では，星もブラックホールもなく，原子すらもその構成要素である素粒子へと分解されていきます。

宇宙は，誕生直後から膨張をつづけていますが，この先も膨張をつづけていくのかは，よくわかっていません。しかし，宇宙全体が閉じた系である場合，膨張をつづける宇宙では，10の100乗をこえるような遠い遠い将来に熱的死が訪れると予想されています。

熱的死をむかえた宇宙では，目立った変化は何もおこりません。熱的死をもって，時間の終わりとする考え方もあります。ただし，現在の物理学では，熱的死をむかえた宇宙であっても，そこに相対性理論でいうところの「時空」（時間と空間が一体となったもの）は存在するといえるようです。すなわち宇宙が終わらないかぎり，時間も終わることはないと考えることができるのです。

「熱的死」をむかえた宇宙

極限までエントロピーがふえた宇宙の状態を，宇宙の熱的死とよびます。熱的死をむかえた宇宙には，もはや星もブラックホールもなく，原子すらもその構成要素である素粒子へと分解されています。宇宙空間が暗く冷たい一様の世界になっているのです。

A. 永遠に膨張しつづける宇宙

時間のはじまり
（宇宙の誕生）

B. 将来，膨張が収縮に転じて，
ふたたび1点に収束する宇宙

宇宙の未来はいったいどうなる？

宇宙の終わり方は，宇宙は永遠に終わらないという説といつ
かは終わるという説の二つに分けることができます。宇宙に
終わりはこないという説の一つは，現在の宇宙膨張が永遠に
つづいていくというものです（**A**）。一方，宇宙がいつか終わ
るという説の一つは，宇宙の膨張がいつの日か収縮に転じ，
最終的に宇宙のすべてが1点に収束するというものです（**B**）。

宇宙がはじまる前にも時間はあったのか

宇宙が親から子, 孫へとつながっているものなら, 過去にも未来にも時間は永遠である

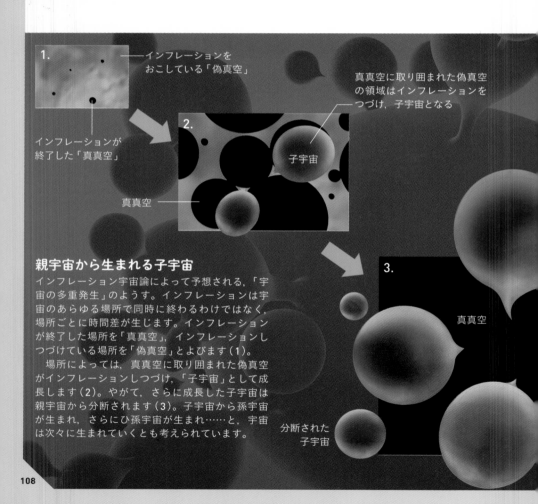

1. ——インフレーションをおこしている「偽真空」

インフレーションが終了した「真真空」

真真空に取り囲まれた偽真空の領域はインフレーションをつづけ, 子宇宙となる

2.

子宇宙

真真空

3.

真真空

分断された子宇宙

親宇宙から生まれる子宇宙

インフレーション宇宙論によって予想される,「宇宙の多重発生」のようす。インフレーションは宇宙のあらゆる場所で同時に終わるわけではなく, 場所ごとに時間差が生じます。インフレーションが終了した場所を「真真空」, インフレーションしつづけている場所を「偽真空」とよびます(1)。

　場所によっては, 真真空に取り囲まれた偽真空がインフレーションしつづけ,「子宇宙」として成長します(2)。やがて, さらに成長した子宇宙は親宇宙から分断されます(3)。子宇宙から孫宇宙が生まれ, さらにひ孫宇宙が生まれ……と, 宇宙は次々に生まれていくとも考えられています。

ビッグバンの前にあったとされる「インフレーション」という急激な宇宙膨張を肯定する理論から，私たちの宇宙は別の宇宙がインフレーションをおこす際に，その"子供"として誕生したという説が派生しました（左のイラスト）。

それは，親宇宙から子宇宙が生まれ，子宇宙から孫宇宙が生まれ……と，終わりなきインフレーションをも予言しています。**私たちの宇宙を生んだインフレーションもいまだにつづいていて，別の子宇宙や孫宇宙を生みつづけていると考えられるのです。この解釈だと，時間は過去にも未来にも永遠につづくことになります。**

このほかにも，宇宙のあり方を考える仮説として，私たちの「膜宇宙（Ｄブレーン）」が存在する高次元空間には，ほかの膜宇宙が，たがいにその存在を知らないままただよっているのかもしれないというものもあります（右のイラスト）。

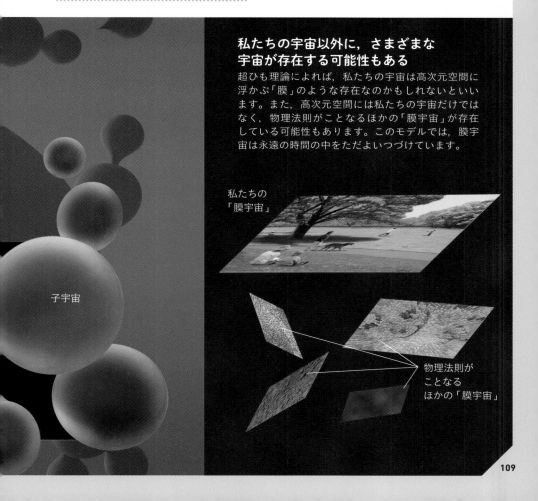

私たちの宇宙以外に，さまざまな宇宙が存在する可能性もある

超ひも理論によれば，私たちの宇宙は高次元空間に浮かぶ「膜」のような存在なのかもしれないといいます。また，高次元空間には私たちの宇宙だけではなく，物理法則がことなるほかの「膜宇宙」が存在している可能性もあります。このモデルでは，膜宇宙は永遠の時間の中をただよいつづけています。

私たちの
「膜宇宙」

子宇宙

物理法則が
ことなる
ほかの「膜宇宙」

5

タイムトラベル
はできるのか

過去や未来を行き来できるタイムトラベル
は，SF の世界だけの話ではなく，相対性理
論などの物理学を駆使して真剣に研究され
ている分野なのです。はたしてタイムトラ
ベルは可能なのでしょうか。もし可能なら，
過去を変えることはできるのでしょうか。

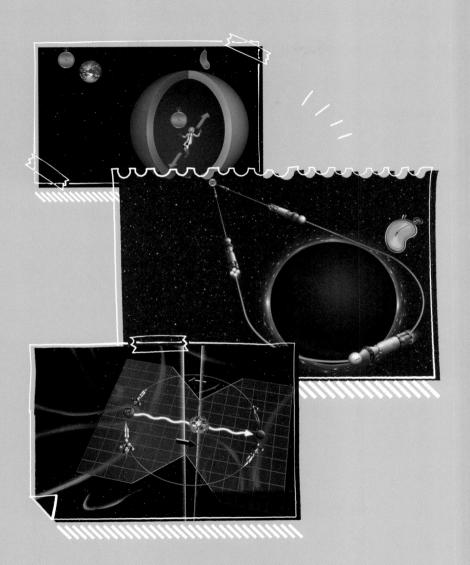

タイムトラベルで歴史は変えられる?

多くの人の関心を引きつける問題に
物理学はどう答えるのか

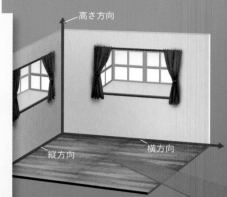

**空間の三つの次元と,
第4の次元である時間**

3次元空間(縦・横・高さ)の
中は自由に動きまわることが
できます。しかし第4の次元で
ある時間軸方向は,性質がこと
なり,過去から未来への"一方
通行"です。

映 画『バック・トゥ・ザ・フューチャー』では,過去にもどった主人公が自分の両親の恋路を妨害してしまいます。両親が結婚しないと自分は生まれなくなってしまうので,歴史を元どおりにもどそうと奮闘する,そんなストーリーでした。

　そもそも過去にもどれたとして,自分が生まれなくなるような歴史の"改変"を行うことは可能なのでしょうか? **このような問題は「タイムパラドックス」とよばれています。**

　アニメの『ドラえもん』でもタイムトラベルは定番の題材です。のび太の部屋の机の引き出しは,一種の"タイムトンネル"になっていて,過去へも未来へも行けます。到着地では,空間に"穴"があき,その時代の世界に出ていきます。**「時間的にはなれた二つの"穴"をむすぶトンネル」は,相対性理論にもとづいて考えられる「ワームホール・タイムマシン」とよく似ています。**

タイムトラベルは可能?
歴史は変えられる?

イラストはタイムトラベルのイメージです。相対性理論では,時間は,空間の3次元(縦・横・高さ)に次ぐ"第4の次元"としてあつかわれます。過去へのタイムトラベルが原理的に可能かどうか,可能だったとして歴史を変えることができるかどうかなどについては,物理学の問題として研究が行われています。

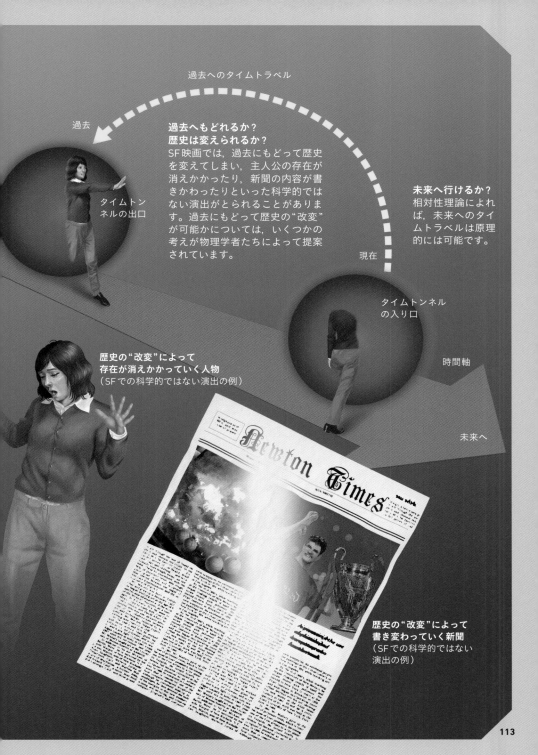

過去へのタイムトラベル

過去

過去へもどれるか？
歴史は変えられるか？
SF映画では，過去にもどって歴史を変えてしまい，主人公の存在が消えかかったり，新聞の内容が書きかわったりといった科学的ではない演出がとられることがあります。過去にもどって歴史の"改変"が可能かについては，いくつかの考えが物理学者たちによって提案されています。

タイムトンネルの出口

未来へ行けるか？
相対性理論によれば，未来へのタイムトラベルは原理的には可能です。

現在

タイムトンネルの入り口

時間軸

歴史の"改変"によって
存在が消えかかっていく人物
（SFでの科学的ではない演出の例）

未来へ

歴史の"改変"によって
書き変わっていく新聞
（SFでの科学的ではない
演出の例）

Newton Times

まじめに考えられてきたタイムトラベル

20世紀初頭以降, タイムトラベルの可能性は物理学を舞台に学問として研究されてきた

タイムトラベルに関係する研究史

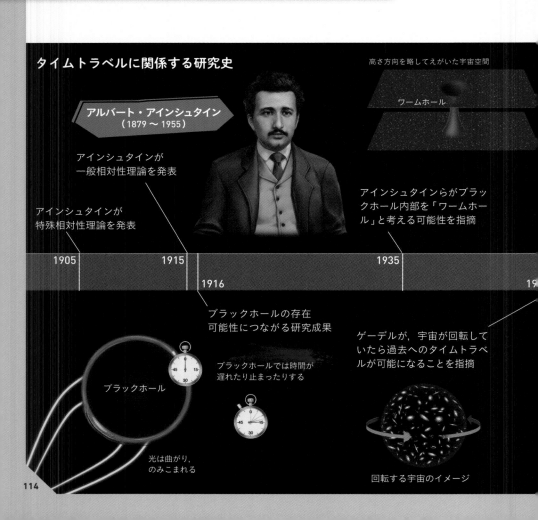

高さ方向を略してえがいた宇宙空間

ワームホール

アルバート・アインシュタイン
（1879 ～ 1955）

アインシュタインが
一般相対性理論を発表

アインシュタインが
特殊相対性理論を発表

アインシュタインらがブラック
ホール内部を「ワームホー
ル」と考える可能性を指摘

| 1905 | 1915 | 1935 | 19 |

1916

ブラックホールの存在
可能性につながる研究成果

ブラックホールでは時間が
遅れたり止まったりする

ゲーデルが, 宇宙が回転して
いたら過去へのタイムトラベ
ルが可能になることを指摘

ブラックホール

光は曲がり,
のみこまれる

回転する宇宙のイメージ

114

ア インシュタインの「特殊相対性理論」と「一般相対性理論」によって，時間の流れは条件によって，速くなったり遅くなったりしうることが明らかになりました。

その後，「ブラックホール」の存在も明らかとなり，ブラックホールを利用することができれば，"未来へのタイムトラベル"が理論的には可能になることがわかりました。

1949年，オーストリア・ハンガリー帝国生まれの数学者クルト・ゲー

デル（1906 〜 1978）は，「宇宙がもし回転していたら，宇宙を旅することで，出発した時点やそれ以前にもどることができる」ということを一般相対性理論にもとづいて明らかにしました。しかし残念ながら，宇宙の回転は観測されていません。

過去へのタイムトラベルは，"歴史の改変"にもつながるため，多くの物理学者は，その可能性に否定的な見方を示しています。しかし理論的には決着がついていないのです。

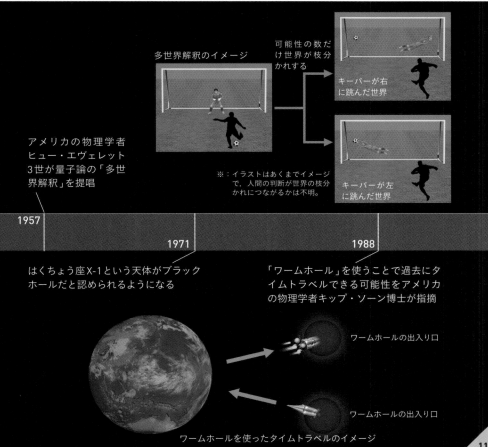

多世界解釈のイメージ

可能性の数だけ世界が枝分かれする

キーパーが右に跳んだ世界

キーパーが左に跳んだ世界

アメリカの物理学者ヒュー・エヴェレット3世が量子論の「多世界解釈」を提唱

※：イラストはあくまでイメージで，人間の判断が世界の枝分かれにつながるかは不明。

1957

1971

1988

はくちょう座X-1という天体がブラックホールだと認められるようになる

「ワームホール」を使うことで過去にタイムトラベルできる可能性をアメリカの物理学者キップ・ソーン博士が指摘

ワームホールの出入り口

ワームホールの出入り口

ワームホールを使ったタイムトラベルのイメージ

未来へのタイムトラベルを考える

浦島太郎が経験したような未来へのタイムトラベルは現実におこっている

相対性理論を考えないと…

宇宙線
（主に高速の陽子）

大気中の分子
（窒素分子など）

宇宙線と大気中の分子の衝突でミューオンが発生

ミューオン

崩壊
ミューオンとしては地上に到達しません

ミューオンの崩壊で生じた素粒子たち

おとぎ話の「浦島太郎」では，竜宮城から地上にもどると，そこはだれも知る人のいない未来の世界になっていました。彼は未来へのタイムトラベルをしたのです。

　特殊相対性理論によると，高速で動くものは，時間の流れが遅くなります。仮に竜宮城が，光速（秒速約30万キロメートル）の99.995%で動く宇宙船だった場合，竜宮城での3年間が地上での300年に相当する計算になり，浦島太郎のタイムトラベルが実現できます。

　実は，同様の現象は実際におきています。宇宙から飛んでくる粒子が大気にぶつかってできる「ミューオン」という素粒子を，地上で観測することができるのです。このミューオンは“寿命”が短く，本来なら地上に届く前にこわれるはずのものです。**しかし時間の遅れのおかげで，“寿命”をこえた未来まで生きのび，地上まで到達しているというわけです。**

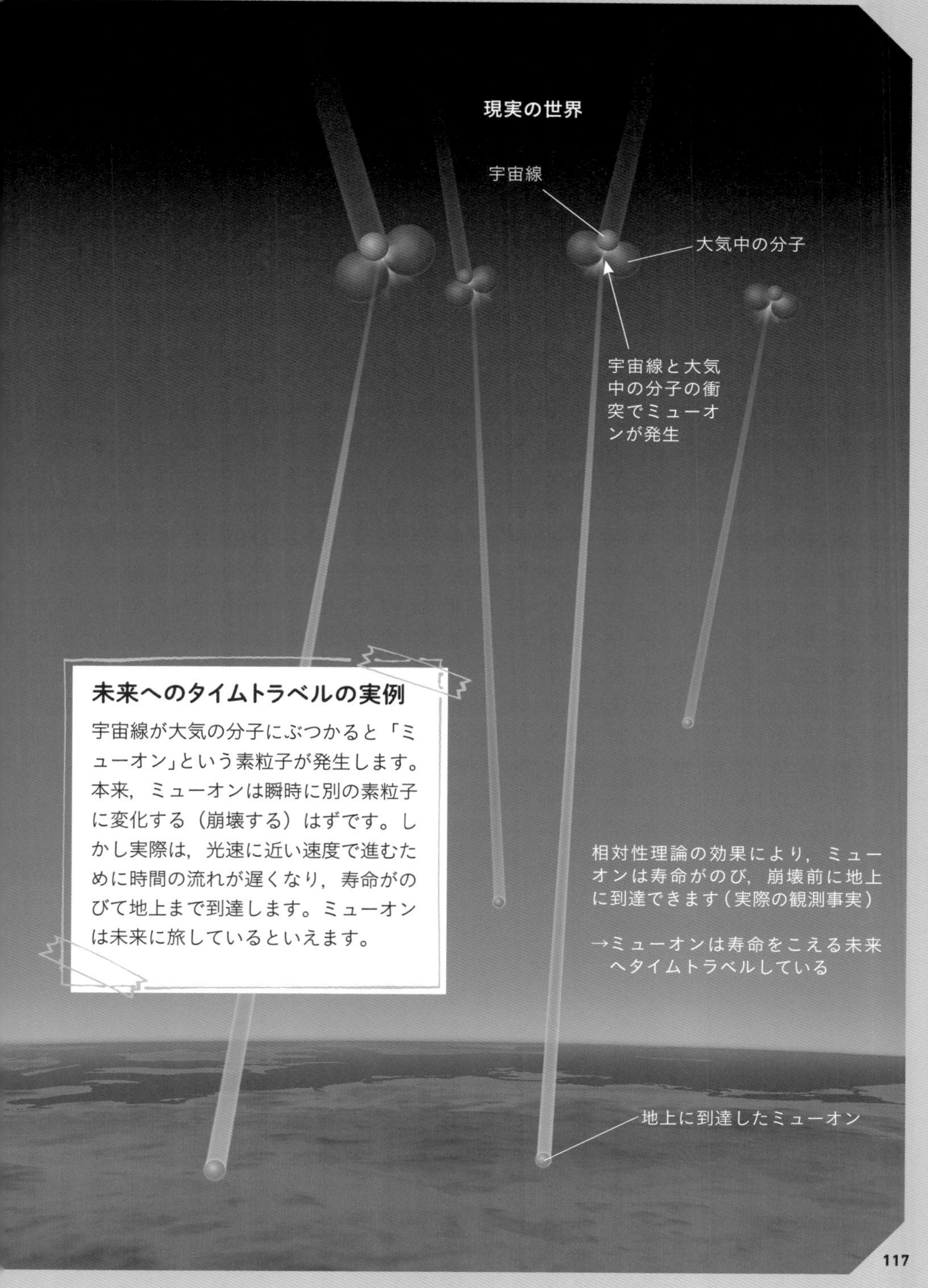

現実の世界

宇宙線

大気中の分子

宇宙線と大気
中の分子の衝
突でミューオ
ンが発生

未来へのタイムトラベルの実例

宇宙線が大気の分子にぶつかると「ミ
ューオン」という素粒子が発生します。
本来，ミューオンは瞬時に別の素粒子
に変化する（崩壊する）はずです。し
かし実際は，光速に近い速度で進むた
めに時間の流れが遅くなり，寿命がの
びて地上まで到達します。ミューオン
は未来に旅しているといえます。

相対性理論の効果により，ミュー
オンは寿命がのび，崩壊前に地上
に到達できます（実際の観測事実）

→ミューオンは寿命をこえる未来
　へタイムトラベルしている

地上に到達したミューオン

ブラックホールを利用した未来旅行

ブラックホールの超強力な重力を利用して未来に行くことができる

地球

③宇宙船は2200年の
地球に帰還
乗組員にとっては3年しか経過していないため，97年未来へのタイムトラベルに成功したことになります。

一般相対性理論によると，重力の強い天体のそばでは，時間の流れが遅くなります。宇宙には極端な時間の遅れをもたらす天体が存在します。その代表が「ブラックホール」でしょう。ブラックホールとは強力な重力をもつために，光すらのみこむ天体です。

宇宙船でブラックホールのそばまで行くことを考えてみましょう。ブラックホールにのみこまれない範囲でそばまで来たら，ブラックホールを周回するなどして，しばらくそこに滞在します。そして，地球へと帰還します。

すると，たとえば地球では100年が経過しているのに，宇宙船の中の人にとっては3年しか経過していない，といった状況（97年未来へのタイムトラベル）がつくりだせることになります。

ブラックホールを利用した未来への旅

ブラックホールのそばでは時間の流れが遅くなっています。そのためブラックホールのそばまで行って，そこにしばらく滞在し，地球にもどってくれば，未来への旅ができることになります。

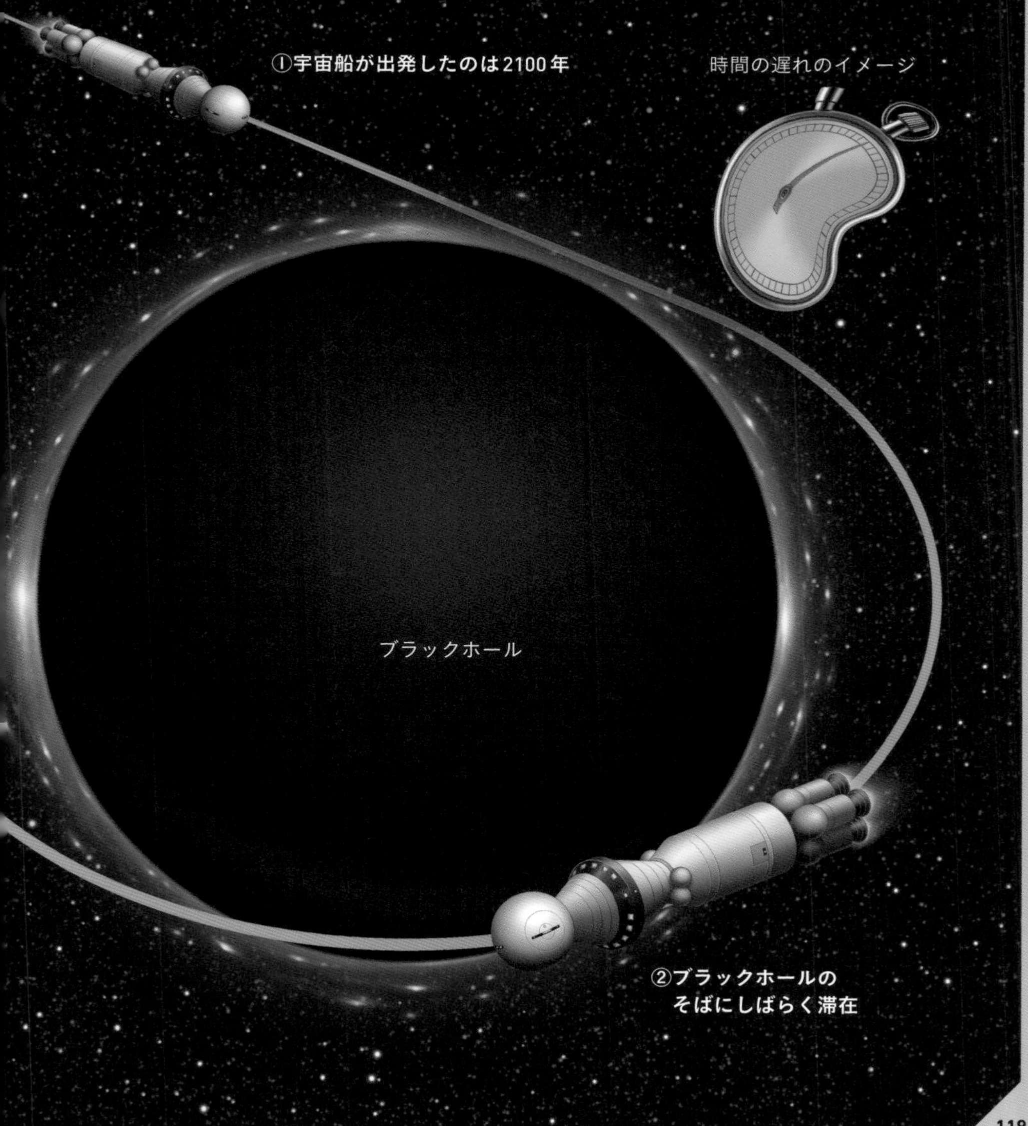

①宇宙船が出発したのは2100年

時間の遅れのイメージ

ブラックホール

②ブラックホールの
そばにしばらく滞在

超高密度の球殻で未来へ行く

危険なブラックホールを利用せずに未来へ行く方法

地球

殻の外側の空間は強い重力
星ほどの大きな質量をもつ球状の殻を小さくつくると,強い重力が生じます。

ユニークなタイムトラベルの方法を紹介しましょう。

まず,タイムトラベルしたい人の周囲に,木星の全物質を使って,木星と同じくらいの大きさの「球状の殻」をつくります。その後,何らかの方法で殻を圧縮し,直径を6メートル程度にすれば,超高密度な球状の殻でできた,未来へのタイムマシンが完成します。完全に対称な球状の殻の内部では,殻がおよぼす重力は,内部の人をあらゆる方向へ引っ張ります。しかし重力は,必ず正反対の方向からの重力と打ち消し合うので,全体としては無重力になるのです。

内部は見かけ上,無重力ですが,外部から見れば,球状の殻は強い重力をおよぼす物体です。**そのためブラックホールと同じように,地球よりも時間の進み方が遅くなり,この殻の内部で5年過ごせば,外部では20年が経過する計算になるのです。**安全のために殻を膨張させてから外に出れば,15年未来へのタイムトラベルが可能になるというわけです。

超高密度の球状の殻のタイムマシン

殻は外側に対して強い重力をおよぼすため,地球にくらべて時間の流れがゆっくり進む領域ができます。殻の内部の空間では,重力が完全に打ち消し合って無重力になりますが,殻の外側を強い重力で囲まれているため,時間の流れが遅くなります。タイムトラベラーは無重力の空間で過ごせるため,ブラックホールのそばよりは快適に過ごせることでしょう。

殻の内部の空間は無重力

タイムトラベラーや時計にはたらく，ある方向からの重力は，正反対の方向からの重力と同じ大きさで逆向きになるため，これらは打ち消し合います。これは全方向でなりたち，その結果，内部は無重力となります。

殻がおよぼす強い重力で，時間の流れが地球よりも遅くなります。

殻の外側を強い重力で囲まれているため，時間の流れが地球よりも遅くなります。

重力

重力

タイムトラベラー

大きさが同じで逆向きなので打ち消し合う

注：イラストでは重力の矢印を二つしかえがいていませんが，実際はあらゆる方向から重力がはたらき，それらが打ち消し合います。

過去に行くと, 問題が発生する

**原因と結果の「因果律」が
くずれて矛盾が生じる**

過去への旅がもたらすおかしな事態①

下は「過去に行って, その後, 自分が過去に行くことを阻止する」という状況を表現したものです。これは矛盾した設定です。

過去へのタイムトラベル

過去へ来た
アリス

これからタイムトラベル
しようとしているアリス

時間の流れ

アリス

タイムトン
ネルの出口

2. 過去に到着

3. 過去の自分がタイム
トンネルに入るのを阻止
できる?

アリス

タイムトンネ
ルの入り口

1. タイムトンネルの入り口
に入る

過去に行くことはできないのでしょうか。

　アリスという少女が"タイムトンネル"に入り，過去に行ったとします。その後，何らかの問題が生じ，アリスはタイムトラベルしたことを後悔します。そして過去の自分がタイムトンネルに入るのを止めようとします。

　仮に「止められた」としましょう。するとアリスは過去に行けなくなるので，過去の自分のタイムトラベルを「止められない」ことになってしまいます。これは矛盾です。下のイラストでは，もう一つおかしな例を紹介したので，考えてみてください。

　物理学を含む科学の大前提として，因果律があります。これは，「あらゆる現象には，時間的に先んじた原因がある」というものです。**過去へ行けると，結果（未来）が原因（過去）に影響をおよぼすことができることになり，因果律が崩壊しかねません。**多くの科学者は過去へのタイムトラベルの可能性に否定的な見方を示しているようです。

過去への旅がもたらすおかしな事態②

ある年にベストセラーになった小説をアリスが買い，過去に行ったとします。そして作者であるボブに，小説をまだ書きはじめていない段階で渡します。ボブはのちにこの小説を自分の作品として発表し，ベストセラーになります。さて，この小説の作者はだれなのでしょうか。小説はアリスがタイムトラベルをする前の段階から存在していました。だとすれば，何もないところから小説の内容がわいて出たことになります。これも非常に奇妙な状況です。

過去へのタイムトラベル

小説をまだ書きはじめていないボブ　　過去へ来たアリス　　　　　　　時間の流れ →

アリス

タイムトンネルの出口

2. 過去に行く

?

3. 作者に小説を渡すと…？

ボブが書いた小説

アリス

タイムトンネルの入り口

1. タイムトンネルの入り口に入る

過去が変えられなければ
矛盾はないが…

歴史を変えなければ，
過去にもどることも可能かもしれない

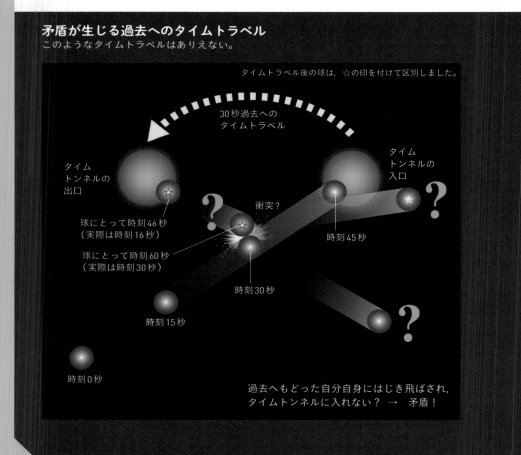

矛盾が生じる過去へのタイムトラベル
このようなタイムトラベルはありえない。

タイムトラベル後の球は，☆の印を付けて区別しました。

30秒過去への
タイムトラベル

タイム
トンネルの
出口

タイム
トンネルの
入口

衝突？

球にとって時刻46秒
（実際は時刻16秒）

球にとって時刻60秒
（実際は時刻30秒）

時刻45秒

時刻30秒

時刻15秒

時刻0秒

過去へもどった自分自身にはじき飛ばされ，
タイムトンネルに入れない？ → 矛盾！

左のイラストは，ビリヤードの球が経験する過去へのタイムトラベルの例です。時刻0秒に左下から右上へ向かって進みはじめた球は，45秒後にタイムトンネルの入口に入り，30秒過去にもどって出口から出てきます。そのまま直進すると，時刻30秒の時点での過去の自分と衝突するので，球はタイムトンネルに入れなくなってしまいます。

しかし右のイラストでは，時刻0秒に左下から右上へ向かって進みはじめた球は，30秒後，"何か"に衝突し，進路を少し変えられて，タイムトンネルの入口に入りました。すると30秒過去にもどって出口から出てきます。そのまま直進すると，時刻30秒の時点での過去の自分自身と衝突しました。

つまり，スタートから30秒後に衝突してきた"何か"は未来の自分自身だったのです。このような過去へのタイムトラベルなら矛盾は生じません。

矛盾が生じない過去へのタイムトラベル

このようなタイムトラベルならありえるかもしれない。

タイムトラベル後の球は，☆の印を付けて区別しました。

30秒過去への
タイムトラベル

タイム
トンネルの
出口

タイム
トンネルの
入口

衝突

球にとって時刻46秒
（実際は時刻16秒）

球にとって時刻60秒
（実際は時刻30秒）

時刻45秒

時刻30秒

時刻15秒

時刻0秒

過去へもどった自分自身にはじき飛ばされた結果，タイムトンネルに入る → 矛盾はない！

注：二つのイラストは，『ブラックホールと時空の歪み』（キップ・S・ソーン著，白揚社）のさし絵をもとにしてえがきました。

『パラレルワールド』で，過去は変えられる？

過去を変えると，そこには別の世界が生まれる？

量子論の通常の解□
と多世界解釈（右□
です。多世界解□
歴史を変えたと□
それは別の世界□
あって，もとの□
在したままなの□
生じません。

量子論の通常の解釈（確率解釈）

1日後

原子核の崩壊が観測された

放射線（電子）

50 %

放射性物質の原子核（半減期が1日）

1日後

原子核が崩壊していない

50 %

崩壊が観測された時点で，この可能性は"消失"する

量子論では，「素粒子のふるまいは，確率的にしか予言できない」という「確率解釈」が理論の柱になっています。一つの原子核がある時間のあとに崩壊するかどうかは，確率的にしか予言できません。観測する前は，「崩壊した状態」と「崩壊していない状態」の「重ね合わせ」になっていると考えます。そして，原子核の崩壊が観測された時点で「重ね合わせ」の状態が消失すると考えます。

タイムトラベラーが過去にもどって歴史を変えても，タイムトラベラーは"もとの未来とは別の歴史の世界"に移るため，もとの未来は依然として存在するので，矛盾は生じない，と考えるのが"パラレルワールド（並行世界）"という考え方です。

ある放射性物質の原子核の半減期が1日だとします。原子核が「1日後までに崩壊する確率」は50％，「1日たっても崩壊しない確率」も50％で

す（左のイラスト）。実際に原子核の崩壊が観測された場合，「1日たっても崩壊しない」という可能性は"消失"したと考えます。

一方，「多世界解釈」では，消失した可能性を実現している別の世界があると考えます。「1日たって原子核が崩壊した世界」と「1日たっても崩壊しなかった世界」が共存していると考えるのです（右のイラスト）。**この多世界解釈を認めれば，過去への旅で生じる矛盾が解消できます。**

量子論の多世界解釈

1日後

原子核の崩壊
が観測された

放射線
（電子）

50％

世界が枝分かれする

両方の世界が
実在している

放射性物質の原子核
（半減期が1日）

1日後

50％

原子核が崩壊していない
（崩壊が観測されていない）

多世界解釈は，ミクロなレベルで適用される，量子論の「確率解釈」を世界全体にまで拡張したものです。確率的にありうる多くの世界が実在し，そのうちのどれか一つが実際に経験する現実だと考えます。数学的には確率解釈と同等ですが，一方の世界から，他方の世界の存在を確認するすべはありません。そのためこの解釈が正しいかどうかは，実験的には検証できないとされています。

『ワームホール』で過去に行ける?

過去への旅のかぎを握っている「ワームホール」

ワームホールを使った宇宙旅行の"近道"

地球と恒星ベガのそばにワームホールの出入口があった場合，普通に宇宙空間を進む（宇宙船X）より，ワームホールを通ったほうが近道できます（宇宙船Y）。

高さ方向を略してえがいた
イメージ

宇宙船Y　　地球

出入口A

ワームホール

宇宙船Y

恒星ベガ
（地球から25光年）

出入口B

過去へのタイムトラベルは,「ワームホール」を使えば, 技術的な問題は不明ですが, 理論的には可能かもしれません。

ワームホールは"時空のトンネル"ともよばれています。いうなれば, アニメの『ドラえもん』に登場する「どこでもドア」に似ています。どこでもドアを開けると, 遠くはなれた場所でも一瞬のうちに行けてしまいます。

ワームホールの場合は, 宇宙船がワームホールの穴(出入口)の片方に入ると, 次の瞬間, もう一方の穴から出てくることになります。二つの穴が空間を飛びこえて, くっついているのです。これをうまく利用すれば, 過去へのタイムトラベルも可能だといいます。

ワームホールは, 一般相対性理論と矛盾しないことがわかっています。ただし宇宙に実際に存在しているかどうかは不明で, 現状では, あくまで理論的な存在だといえます。

この図では空間の曲がり(ワームホールの構造)を視覚化するために, 高さ方向を略しています。上下の面の間は, 私たちの宇宙ではなく, いわば超空間です。なお, ワームホールを目立たせるために色(ここでは紫色)をつけていますが, 実際に色がついてみえるわけではありません。

宇宙船X

宇宙船X

通過可能なワームホールをつくるには？

エキゾチック物質を注入したうえで，
人間サイズまで拡大できれば……

理論的な計算から，ワームホールは瞬時につぶれてブラックホールへと変貌してしまい，"通過不能"であることがわかっていました。

そこでワームホールがつぶれないように考えられたのが，「エキゾチック物質」を注入するというものでした。エキゾチック物質とは，負のエネルギー※をもち，空間を押し広げる反重力的な作用（斥力作用）をもつ摩訶不思議な物質です。ただし実際に宇宙に存在するのか，ワームホールがつぶれないよう維持するのに十分な量をつくることが可能なのかはわかっていません。

ワームホールが自然界にある可能性は低いですが，ミクロな世界では，1ミリメートルの1億分の1の，1億分の1の，1億分の1のさらに1億分の1（10^{-35}メートル）程度の微小なワームホールが，ごく短い時間で生まれては消えることをくりかえしていると考えられています。そのミクロなワームホールを人間サイズまで大きくすることができれば，物体が通過可能になるかもしれません。

通過可能なワームホールのつくり方

原子核よりもはるかに小さなミクロな世界では，きわめて小さなワームホールが存在していると考えられています（右ページ赤枠内）。これを何らかの方法で人間サイズまで拡大し，エキゾチック物質を注入すれば，通過可能なワームホールにできるかもしれません。

※：負のエネルギー状態自体は，実現不可能ではないことがわかっています。たとえば，真空中で2枚の金属板をごくわずかにはなして置くと，金属板の間に負のエネルギー状態が実現できることが知られています（カシミール効果）。ただしこの現象をワームホールがつぶれないようにするために利用できるかどうかは，定かではありません。

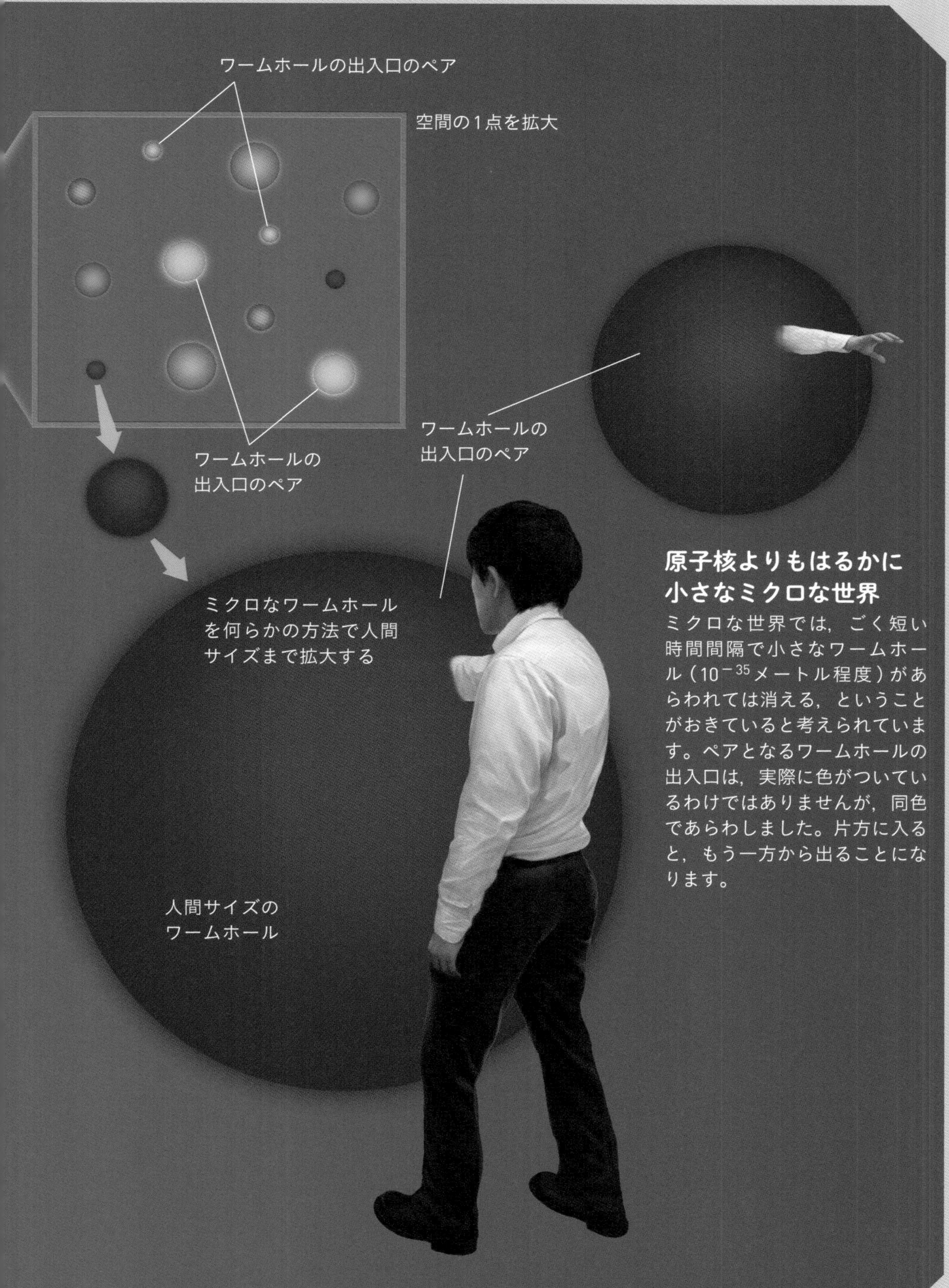

ワームホールの出入口のペア

空間の1点を拡大

ワームホールの
出入口のペア

ワームホールの
出入口のペア

ミクロなワームホール
を何らかの方法で人間
サイズまで拡大する

人間サイズの
ワームホール

原子核よりもはるかに
小さなミクロな世界

ミクロな世界では，ごく短い
時間間隔で小さなワームホー
ル（10^{-35}メートル程度）があ
らわれては消える，ということ
がおきていると考えられていま
す。ペアとなるワームホールの
出入口は，実際に色がついてい
るわけではありませんが，同色
であらわしました。片方に入る
と，もう一方から出ることにな
ります。

二つの出入口で時間差をつくって過去へ

この方法でもワームホール・タイムマシンの完成時点よりも過去にはもどれない

1-a. 光速に近い速度での運動を利用して，ワームホールをタイムマシンにする方法（①～⑤）

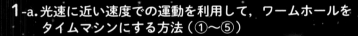

ワームホールの出入口Aでは…
・出入口Bの出発：2100年
・出入口Bの帰還：2200年
　　　　　（100年が経過）

ワームホールの出入口A

①ワームホールの出入口Bが2100年に地球を出発

ワームホールの出入口B

地球では…
・出入口Bの出発：2100年
・出入口Bの帰還：2200年
　　　　　（100年が経過）

④2200年の地球から出発した宇宙船がワームホールの出入口Bに飛びこむ

③出入口Bにとっての2103年に地球に帰還（3年しか経過してない）

1-b. ワームホールの先は「過去」につながっている

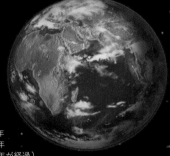

2103年

宇宙船

⑤宇宙船は2103年の出入口Aから出てくる！（97年過去へのタイムトラベル）

ワームホールの出入口A

この時点（地球での2103年）で出入口Bは，往復運動中であり，ここにはない。

ワームホールの出入口B

地球　　　　　　2103年

ワームホールの二つの出入口が西暦2100年の地球のそばにあるとします。出入口Bだけを光速に近い速度で動かし，最終的に地球のそばにもどします。すると，「地球や出入口Aでは100年が経過したのに，出入口Bでは3年しか経過していない」という状況がつくれます。

一方，ワームホールを通してみると，出入口Aと出入口Bはくっついているので，たがいに動いていません。そのため時間の差は生じず，ワームホールの外からみると97年もの時間差が生じ，ワームホールを通してみると時間差が生じていないという摩訶不思議な状況が生じるわけです。

ここで2200年の地球から出発した宇宙船が，出入口Bに飛びこみます。2103年の出入口Bとつながっているのは，2103年の出入口Aなので，宇宙船は2103年の地球のそばに出てきます。**これはまさに過去へのタイムトラベルです。**

ワームホールをタイムマシンにする方法

イラストは，ワームホールをタイムマシンにかえる二つの方法をあらわしたものです。**1-a**と**1-b**は光速に近い速度の運動による時間の遅れを利用した方法，**2**はブラックホール（強い重力をもつ天体）のそばでの時間の遅れを利用した方法です。ワームホールの出入口の一方をブラックホールのそばまでもっていき，しばらくそこに滞在させたあと，地球までもどしてやれば，**1-a**と同じ状況をつくることができます。

②出入口Bを光速に近い速度で往復運動させる
（時間の流れが遅くなる）

2. ブラックホールを利用して，ワームホールをタイムマシンにする方法（①〜④）

④2200年の地球を出発した宇宙船がワームホールの出入口Bに飛びこむと，2103年の出入口Aに出る（97年過去へのタイムトラベル）

出入口A

①出入口Bが2100年に地球を出発

出入口B

地球

ブラックホール

③出入口Bにとっての2103年に地球に帰還（3年しか経過していない）

②出入口Bをブラックホールのそばにもっていき，しばらく滞在させてから地球にもどす

地球と出入口Aでは…
・出入口Bの出発：2100年
・出入口Bの帰還：2200年（100年が経過）

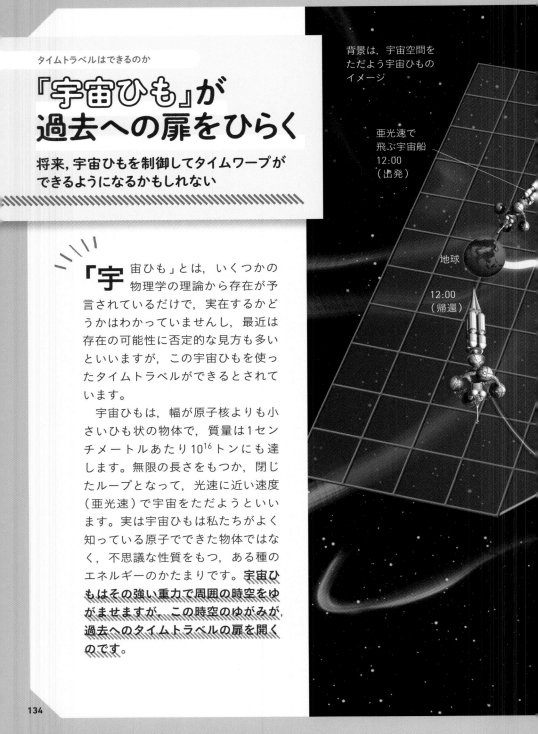

『宇宙ひも』が過去への扉をひらく

将来，宇宙ひもを制御してタイムワープができるようになるかもしれない

背景は，宇宙空間をただよう宇宙ひものイメージ

亜光速で
飛ぶ宇宙船
12:00
（出発）

地球

12:00
（帰還）

「**宇**宙ひも」とは，いくつかの物理学の理論から存在が予言されているだけで，実在するかどうかはわかっていませんし，最近は存在の可能性に否定的な見方も多いといいますが，この宇宙ひもを使ったタイムトラベルができるとされています。

宇宙ひもは，幅が原子核よりも小さいひも状の物体で，質量は1センチメートルあたり10^{16}トンにも達します。無限の長さをもつか，閉じたループとなって，光速に近い速度（亜光速）で宇宙をただようといいます。実は宇宙ひもは私たちがよく知っている原子でできた物体ではなく，不思議な性質をもつ，ある種のエネルギーのかたまりです。**宇宙ひもはその強い重力で周囲の時空をゆがませますが，この時空のゆがみが，過去へのタイムトラベルの扉を開くのです。**

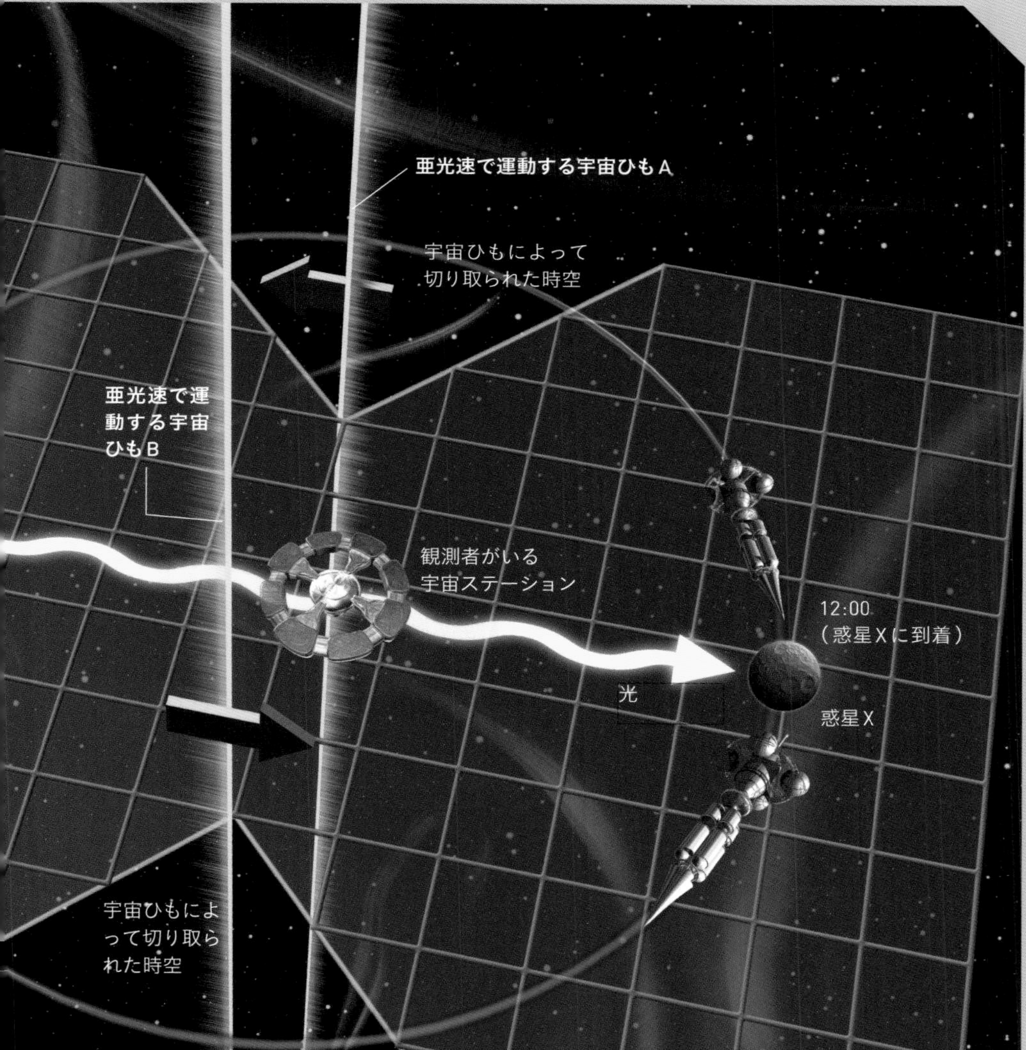

亜光速で運動する宇宙ひもA

宇宙ひもによって
切り取られた時空

亜光速で運
動する宇宙
ひもB

観測者がいる
宇宙ステーション

12:00
（惑星Xに到着）

光

惑星X

宇宙ひもによ
って切り取ら
れた時空

亜光速の二つの宇宙ひもを使って過去の自分に出会う

2本の宇宙ひもAとBが亜光速ですれちがうように運動している時空
を考えます。図の時刻は中央の宇宙ステーションから観測した時刻で
す。亜光速で航行可能な宇宙船が地球を正午に出発し、惑星Xに向か
います。切り取られた時空があるので宇宙ひもAの近くを通って惑星
Xに向かうほうが早く着きます。これは見かけ上の超光速運動です。
惑星Xへの到着時刻は正午です。さらに宇宙船が宇宙ひもBの近くを
通って亜光速で地球に帰還すると、そこも出発した正午であり、出発
しようとしている過去の自分に出会うことができることになります。

時間は，最もやっかいな物理のトピックス

リサ・ランドール Lisa Randall（1962 〜）
アメリカ，ハーバード大学教授。素粒子物理学を専門とする理論物理学者。余剰次元（第4の空間次元）があれば，基本的な力とされる「四つの力」のうち重力だけがきわめて弱い理由が説明できるとする「ワープした余剰次元モデル」を1999年に発表しました。

「時間」とは何ですか？

ランドール 時間は，物理学が挑戦するトピックスの中で，最も用心して取りかかるべきものの一つであると思います。

例をあげれば，私が『ワープする宇宙（原題：Warped Passages）』という本を書いたとき，その本の中で取り上げたほとんどすべての物理学的な概念について，私は直感的に理解できる説明方法を思いつくことができました。しかし，「時間と空間はいったい何がちがうのか？」という点についてだけは，私は直感的に理解できる説明を思いつくことができなかったのです。

「時間」は実在しますか？ それとも幻なのでしょうか？

ランドール 物理学者は，相対性理論で時空をあつかうときに，時間を空間と区別するための正式かつ数学的なポイントを知っています。しかし，より深いレベルにおいて，それがいったい何を意味しているのかを考えると，私

にはよくわからなくなるのです。

しかし，だからといって，それは時間が幻想であるということを意味するわけではありません。私たちのほとんどだれもが，「時間の存在は，どうしようもないほど現実だ！」ということを主張できると思うのです。

すべての物理法則は，欠くことのできない数量として時間を使っています。少なくとも，私たちの現在の観測技術と，現在の理論のレベルでは，時間は不可欠なものです。

私たちは，最終的には，時間により深い構造を見いだすかもしれません。しかし，たとえそうだとしても，時間が幻に変わることはないでしょう。

ランドール教授，プリンストン大学のリチャード・ゴット名誉教授，イギリス，オックスフォード大学の
ロジャー・ペンローズ ラウズ・ボール記念講座名誉教授にメールインタビューを行いました（2009年）。

時間は，
「4番目の次元」である

リチャード・ゴット J. Richard Gott III（1947〜）
アメリカ，プリンストン大学名誉教授。一般相対性理論および宇宙物理学を専門とする理論物理学者。「宇宙ひも」を利用したタイムトラベル（ゴット・タイムマシン）の理論的可能性を1991年に示しました。また，時間の循環（ループ）から宇宙がはじまったとする「自己創造する宇宙モデル」を1998年に発表しました。

「時間」とは何ですか？

ゴット アインシュタインは，時間が「4番目の次元」であることを示しました。時間の次元は，空間の三つの次元と似ていますが，それを相対性理論であつかうときにはマイナス符号がついてまわります。これは，運動は相対的であり，光の速度は不変であるという，アインシュタインの仮定に沿ったものです。アインシュタインは，運動している観測者たちは，どの出来事が同時におきたのかについて意見が一致しないことを示しました。

　私たちは，たんなる時間と空間について考えるのではなく，「時空」について考えるべきです。「時空」とは，四つの次元をもつ，食パンのかたまりのようなものです。私たちは普通，それを垂直にスライスします。同時の出来事は，同じスライスの中にあります。

　ところが，私たちから見て高速で運動している観測者は，まるでフランスパンをスライスするように，時空を斜めにスライスすることになります。高速で運動する観測者は，この斜めのスライスに含まれる出来事を同時とみなすでしょう。それぞれの観測者は，スライスするときの方法については意見が一致しませんが，時空のかたまりについてはだれもが一致します。時空とは，1個の「4次元体」なのです。

「時間」は実在しますか？　それとも幻なのでしょうか？

ゴット 時間を幻想だとみなすアイデアが，時間を4番目の次元だとみなすアインシュタインのアイデアとくらべて，実り多いものとは思えません。

　アインシュタインは，運動する時計がゆっくりと時をきざむことを示しました。そのことは，何度も確認されています。アインシュタインは，$E = mc^2$ という数式がなりたつことも証明しました。これも，何度も確認されています。私は，「時間は4番目の次元である」という描像からはなれるつもりはありません。

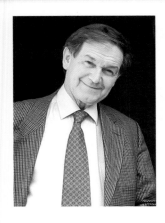

宇宙が新しく生まれ変わる瞬間，時間はその姿を消す

ロジャー・ペンローズ　Roger Penrose（1931 〜）
イギリス，オックスフォード大学ラウズ・ボール記念講座名誉教授。一般相対性理論や量子論に関する多くの業績で知られる数理物理学者。1960年代に，「一般相対性理論が正しいならば宇宙は大きさゼロの点からはじまらなければならない」とする「特異点定理」をイギリスの故スティーブン・ホーキング博士とともに証明しました。時空の量子のふるまいを記述する新しい形式である「ツイスター理論」を提唱するなど，理論物理学の幅広い問題に取り組んでいます。2020年，ノーベル物理学賞受賞。

「時間」とは何ですか？

ペンローズ　私は物理学者として，「時間」の概念は，アインシュタインの一般相対性理論によって取りあつかわれるべきトピックだと考えています。それゆえに時間は，空間と切りはなして考えることはできません。そのため，「現在」についての絶対的な概念も存在しません。

　私たちは，時空を，（3次元の空間と1次元の時間を合わせた）4次元多様体としてとらえなくてはいけません。そして，この時空の内部にいる別々の観測者は，それぞれの体験する特定の出来事とくらべて，「どの出来事が同時か」ということについて，見解がことなるだろうということを考えなくてはいけません。

　たとえば，男性と女性が，普通の速さで歩きながら，道ですれちがう場面を考えてください。そして，そのすれちがいと同時刻に，遠くはなれたアンドロメダ銀河でどんな出来事がおきたのかを，男女それぞれにたずねることにします。

　男性がアンドロメダ銀河に向かって歩いており，女性がアンドロメダ銀河から遠ざかる方向に歩いているとすれば，男女それぞれがすれちがいと同時とみなすアンドロメダ銀河の出来事には，数週間ものずれが生じうるのです。

　たとえばアンドロメダ銀河の中でおきる特定の超新星爆発は，女性にとってはある日におきても，男性にとってはその日にはまだおきていないということがありえます。ただし，爆発が実際に観察されるのは，その日からずっとあとのことですが。

　運動が時間にもたらす効果は，もっと近いところでも，実際に観測されています。地上で静止していた時計と，航空機で運んでから地上にもどってき

た時計の進みとの間にくいちがいが生じることが，直接的に観測されています。現在の時計はおそろしく正確であるため，こうした計測が可能なのです。

ここには，実際には二つの効果がそれぞれ逆向きにはたらいています。つまり，航空機が高速で飛ぶことによって，航空機の時計は遅れます（特殊相対性理論の効果）。一方で，航空機が高いところを飛ぶことによって，航空機の時計は多少の速さを取りもどすことになります（一般相対性理論の効果）。これらのずれはきわめて小さいものですが，現在の時計なら検出が可能です。実際に，GPSの正確さは，これらの効果を勘定に入れることでなりたっています。

相対性理論の概念は，今日ではきわめてよく確立されています。20世紀初頭以前における通常の物理学にくらべて，現在の物理学では時間の考え方は完全に変わりました。

しかし，時空全体を「そこに置かれたもの」あるいは「不変のもの」とみなす「固定された宇宙（ブロック宇宙）」について語るとき，そこには依然として深い謎が存在します。私たちはみな，「時間は過ぎゆくもの」という印象をもっていますが，このことを現代物理学が時空の見方に関連づけることは非常にむずかしいのです。

私自身は，量子力学の解釈と，「意識的経験」に含まれる物理的なことがらの両方に関する私たちのもの見方において，根本的に欠けている何かがあるのだろう，と考えています。

「時間」は実在しますか？　それとも幻なのでしょうか？
ペンローズ　時間は，時空の外に存在するのではありません。時空の部分として存在します。そして，時間は絶対的な概念ではありません。時空内で運動する時計のふるまい方にかかわっているのです。

最近の私の見解では，ビッグバンは，その前段階である宇宙からの「なめらかな移行」であることを示しています。この移行がおきるのは，全宇宙が質量をもたないものだけからなるときです。質量がなければ時計を組み立てることができません。したがって，移行においては，時間の概念はその意味を失います。こうした短い文章で正しく説明することは困難です。

おわりに

これで「時間の謎」はおわりです。いかがでしたか。

同じ時間でも自分が置かれた状況によって，長く感じたり，遅く感じたりするのには，心理学的な理由があることをみました。また，現代社会のライフスタイルに合わせた体内時計の整え方も紹介しました。

物理学の観点でも，時間はとても不思議な存在です。アインシュタインは，時間がのびたりちぢんだりすることを見いだし，さらに最先端の物理学では，時間は連続的ではないかもしれないという考えもあります。こうした時間の正体は，私たちの感覚とはずいぶんちがうものでしょう。

2500年以上も前から考えられてきた時間の不思議さ。たまには時間を気にせず，「時間とは何か」を考えてみるのも楽しいのではないでしょうか。🍎

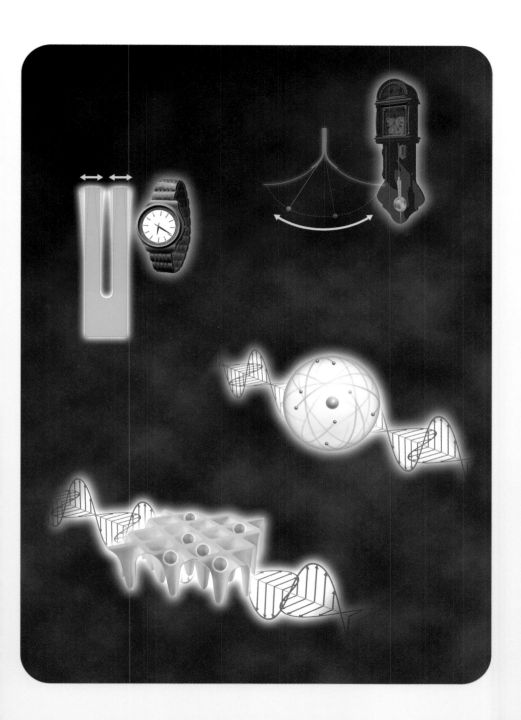

14歳からのニュートン
超絵解本

絵と図でよくわかる
次元の秘密
縦・横・高さ以外の隠れた世界

A5判・144ページ　1480円（税込）　好評発売中

　私たちは，縦・横・高さからなる，3次元の空間に住んでいます。そう聞いて，異論をとなえる人はいないと思います。SF小説やマンガにも，「次元」という言葉がよく登場します。しかし，そもそも次元とは，何なのでしょうか。

　この本では，まず「次元の考え方」をわかりやすく紹介します。1次元から順に，2次元，3次元……と考えていくと，さらにその先の，目に見えない4次元の世界が想像しやすくなります。

　また，最先端の物理学では「この世界には，4次元をこえるかくれた次元が存在する」と考えられています。それはいったい，どういうことなのでしょうか。摩訶不思議な次元の世界を，存分にお楽しみください。

次元の数とは
動ける方向の数

この世界は
ほんとうに3次元か

異次元空間では
物理法則が変わる

───── **目次**（抜粋）─────

Staff

Editorial Management	中村真哉
Cover Design	岩本陽一
Design Format	宮川愛理
Editorial Staff	小松研吾, 谷合 稔

Photograph

11	Studio Romantic/stock.adobe.com
12-13	Stas Vulkanov/shutterstock.com
14	debasige/shutterstock.com
23	areebarbar /stock.adobe.com, Studio Romantic/stock.adobe.com
42-43	rachaphak/stock.adobe.com
44-45	naka/stock.adobe.com
46-47	ohayou!/stock.adobe.com
48-49	Seventyfour/stock.adobe.com
97	ESA and the Planck Collaboration
136	Enrico Ferorelli/ユニフォトプレス/Newton Press
137	Joe Guerriero/Black Star/PPS通信社
138	Newton Press

Illustration

表紙カバー	Newton Press
表紙	Newton Press
2, 7〜9	Newton Press
11	Newton Press, Newton Press (credit①)
15	Newton Press
16-17	Newton Press (credit①)
18-19	Newton Press
20-21	荻野瑶海
24〜31	Newton Press
33	Newton Press, Newton Press (credit②)
34〜37	Newton Press
38-39	Newton Press (credit②)
40-41	Newton Press
51	Newton Press
53	木下真一郎, Newton Press
54-55	小﨑哲太郎, Newton Press
56-57	Newton Press
59	木下真一郎
60-61	Newton Press (地図①)
62-63	Newton Press
64〜67	木下真一郎
69〜73	Newton Press
74〜77	吉原成行
78〜95	Newton Press
96-97	加藤愛一・Newton Press
98〜109	Newton Press
111	Newton Press, 小林 稔
112-113	荻野瑶海
112〜117	Newton Press
118-119	小林 稔
120-121	Newton Press
122〜125	荻野瑶海
126〜129	Newton Press
130-131	黒田清桐
132〜135	Newton Press

credit① BodyParts3D,Copyright©2008 ライフサイエンス統合データベースセンター licensed by CC 表示-継承 2.1 日本 (http://lifesciencedb. jp/bp3d/info/license/index.html)を加筆改変

credit② PDB ID: 5F5Y, 5EYO, 3RTY を元に ePMV(Johnson, G.T. and Autin, L., Goodsell, D.S., Sanner, M.F., Olson, A.J. (2011). ePMV Embeds Molecular Modeling into Professional Animation Software Environments. Structure 19, 293-303)と MSMS molecular surface(Sanner, M.F., Spehner, J.-C., and Olson, A.J. (1996) Reduced surface: an efficient way to compute molecular surfaces. Biopolymers, Vol. 38, (3),305-320)を使用して作成

地図① Made with Natural Earth., 雲:NASA Goddard Space Flight Center Image by Reto Stöckli(land surface, shallow water, clouds). Enhancements by Robert Simmon (ocean color, compositing, 3D globes, animation). Data and echnical support: MODIS Land Group; MODIS Science Data Support Team; MODIS Atmosphere Group; MODIS Ocean Group Additional data: USGS EROS Data Center (topography); USGS Terrestrial Remote Sensing Flagstaff Field Center (Antarctica); Defense Meteorological Satellite Program(city lights).

初出記事へのご協力者（敬称略）:
阿部文雄（名古屋大学宇宙地球環境研究所客員准教授）／石田直理雄（国際科学振興財団時間生物学研究所所長）／一川 誠（千葉大学大学院人文科学研究院教授）／北澤 茂（大阪大学大学院生命機能研究科教授）／真貝寿明（大阪工業大学情報科学部教授）／田中真樹（北海道大学大学院医学研究院・医学部教授）／原田知広（立教大学理学部教授）／福江 純（大阪教育大学名誉教授）／二間瀬敏史（京都産業大学理学部宇宙物理・気象学科教授，東北大学名誉教授）／松浦 壮（慶應義塾大学商学部教授・日吉物理学教室所属）／リサ・ランドール（アメリカ，ハーバード大学物理学教室 教授）／リチャード・ゴット（アメリカ，プリンストン大学宇宙物理 学科名誉教授）／ロジャー・ペンローズ（イギリス，オックスフォード大学ラウズボール記念講座名誉教授）

本書は主に，ニュートンライト2.0「時間」，ニュートン別冊『時間とは何か 改訂第3版』の一部記事を抜粋し，大幅に加筆・再編集したものです。

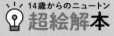

14歳からのニュートン
超絵解本

流れゆく過去・現在・未来

絵と図でよくわかる時間の謎

2023年2月15日発行

発行人	高森康雄
編集人	中村真哉
発行所	株式会社 ニュートンプレス
	〒112-0012東京都文京区大塚3-11-6
	https://www.newtonpress.co.jp

Contents

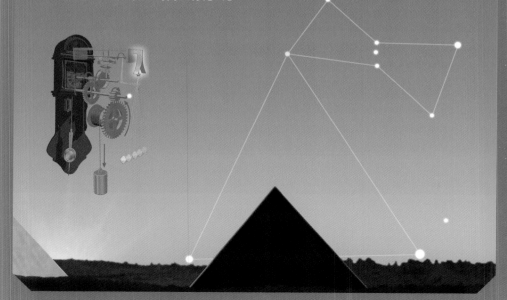